普通高等教育“十二五”部委级规划教材(高职高专)

染整工艺设计与产品开发

贺良震　李锦华　姜生　编

中国纺织出版社

内 容 提 要

本教材内容包括纺织面料识别、常规染整工艺设计、染整设备配置、典型产品工艺设计和新产品开发等。为进一步突出“工学结合”的重要特征,在编写过程中将上述内容以产品的染整工艺设计为主线进行了重组。产品工艺设计以典型常见织物为主,兼顾其他类型的织物,内容包括确定染整产品方案,具体制定染整产品的工艺流程、工艺处方、工艺条件及工艺实施的有关说明,并配有大量实际生产案例,具有较强的实用性和可操作性。

本教材可使高职高专院校染整技术专业的学生在掌握所学专业知识的基础上,对其进一步地整合、应用,从而获得从事染整产品开发和染整生产技术的应用能力和创新能力。本书也可供染整生产企业的技术人员阅读参考。

图书在版编目(CIP)数据

染整工艺设计与产品开发 / 贺良震,李锦华,姜生编写. —北京 : 中国纺织出版社, 2012.6

普通高等教育“十二五”部委级规划教材. 高职高专

ISBN 978-7-5064-8553-1

Ⅰ. ①染… Ⅱ. ①贺… ②…李 ③…姜 Ⅲ. ①染整—高等职业教育—教材 Ⅳ. ①TS19

中国版本图书馆 CIP 数据核字(2012)第 071999 号

策划编辑:冯 静　　责任校对:楼旭红

责任设计:李 然　　责任印制:何 艳

中国纺织出版社出版发行

地址:北京东直门南大街 6 号　邮政编码:100027

邮购电话:010—64168110　传真:010—64168231

http://www.c-textilep.com

E-mail:faxing@c-textilep.com

北京通天印刷有限责任公司印刷　各地新华书店经销

2012 年 6 月第 1 版第 1 次印制

开本:787×1092　1/16　印张:10.75

字数:218 千字　定价:32.00 元

出版者的话

《国家中长期教育改革和发展规划纲要》(简称《纲要》)中提出“要大力发展职业教育”。职业教育要“把提高质量作为重点。以服务为宗旨,以就业为导向,推进教育教学改革。实行工学结合、校企合作、顶岗实习的人才培养模式”。为全面贯彻落实《纲要》,中国纺织服装教育协会协同中国纺织出版社,认真组织制订“十二五”部委级教材规划,组织专家对各院校上报的“十二五”规划教材选题进行认真评选,力求使教材出版与教学改革和课程建设发展相适应,并对项目式教学模式的配套教材进行了探索,充分体现职业技能培养的特点。在教材的编写上重视实践和实训环节内容,使教材内容具有以下三个特点:

(1)围绕一个核心——育人目标。根据教育规律和课程设置特点,从培养学生学习兴趣和提高职业技能入手,教材内容围绕生产实际和教学需要展开,形式上力求突出重点,强调实践。附有课程设置指导,并于章首介绍本章知识点、重点、难点及专业技能,章后附形式多样的思考题等,提高教材的可读性,增加学生学习兴趣和自学能力。

(2)突出一个环节——实践环节。教材出版突出高职教育和应用性学科的特点,注重理论与生产实践的结合,有针对性地设置教材内容,增加实践、实验内容,并通过多媒体等形式,直观反映生产实践的最新成果。

(3)实现一个立体——开发立体化教材体系。充分利用现代教育技术手段,构建数字教育资源平台,开发教学课件、音像制品、素材库、试题库等多种立体化的配套教材,以直观的形式和丰富的表达充分展现教学内容。

教材出版是教育发展中的重要组成部分,为出版高质量的教材,出版社严格甄选作者,组织专家评审,并对出版全过程进行跟踪,及时了解教材编写进度、编写质量,力求做到作者权威、编辑专业、审读严格、精品出版。我们愿与院校一起,共同探讨、完善教材出版,不断推出精品教材,以适应我国职业教育的发展要求。

中国纺织出版社

教材出版中心

前言

染整工艺设计与产品开发是高职高专染整技术专业的核心课程之一,教学的主要目的是进一步整合染整专业知识,通过系统的训练让学生熟练掌握染整工艺设计的主要内容、基本方法和一般步骤,提高学生综合运用专业知识解决生产实际问题的能力,为今后的就业奠定基础。

本教材以常见典型产品的染整工艺设计为主线,适当兼顾其他产品,通过案例,比较详细地介绍了染整产品方案确定、工艺流程、工艺处方、工艺条件和设备选型的一般要求。通过本课程的系统学习,可进一步培养学生从事染整生产技术管理和产品开发的实践应用能力和创新能力。

为了适应国家示范性院校建设的需要,南通纺织职业技术学院染化系的老师编写了本教材。在编写过程中重点参考了李锦华教授编写的《染整工艺设计》一书。本教材按照示范院校课程改革和教材建设的要求,通过教学情境设计系统地收集了相关内容,并通过任务驱动和项目引领,进一步突出了高职教育"工学结合"的重要特征。

本教材主要编写人员有贺良震(情境1、情境4和情境5)、李锦华(情境3)和姜生(情境2)三位老师。南通纺织染控股(集团)公司的林荣高级工程师和南通通远鑫纺织有限公司的叶宗保高级工程师对本教材的编写提出了许多建设性的修改意见。由于编者水平有限,书中会存在错漏之处,敬请读者批评指正。

编　者

2012年1月

☞ 课程设置指导

课程名称 染整工艺设计与产品开发

适用专业 染整技术专业

总 学 时 96

理论教学时数 64

实践教学时数 32

课程性质 本课程为染整技术专业的专业主干课,是必修课。

课程目的 通过任务驱动型的项目活动,让学生学会常规纺织品染整工艺设计的基本知识和技能,训练学生的逻辑思维能力和学习新技术的能力,提高职业技能。

1. 专业业务能力

(1) 了解常规纺织产品的分类和鉴别方法;

(2) 了解典型产品工艺流程设计的基本要求;

(3) 了解典型产品工艺条件和工艺配方设计的基本要求;

(4) 了解常规产品工艺设备选择的基本要求;

(5) 了解新产品开发和鉴定的基本要求。

2. 基本技能

(1) 能根据客户要求设计较完整的工艺方案;

(2) 能根据自行设计的初步方案进行新产品开发试验;

(3) 能根据给定的产品加工量进行工序产量分配;

(4) 能根据已知产量进行设备配置。

3. 其他能力

(1) 通过分组训练,培养个人的团队协作能力和沟通能力;

(2) 通过多任务训练培养独立工作能力;

(3) 通过成果展示强化训练个人语言表达能力;

(4) 通过完成多个训练任务书和项目书,训练和规范个人书面表达能力。

课程考核评价 采用阶段评价、目标评价、项目评价、理论实践一体化评价等方式,结合提问、操作、讨论、测验、考试、汇报、任务书填写和课外作业完成等方面的表现,综合评价学生成绩。平时成绩占总评成绩的65%。通过审核综合训练方案的设计提纲、方案初稿、参考资料查找、实训操作考核、作品展示、学生自评和互评,全面评价学生表现。综合训练成绩占本课程总评成绩的35%。通过同行和督导听课、学生评价和专家评价,期初、期中和期末教学质量检查,评价教学效果。

教学建议

1. 师资要求

主讲教师应具有染整工艺设计和染整产品开发能力，具备一定的项目设计能力和组织经验。课内综合训练指导教师必须具备现场实际工作经历2年以上。主讲教师和综合训练指导教师应具备工学结合一体化课程设计能力；能采用先进的教学方法，具有较强的课堂驾驭能力；具有良好的职业道德和责任心。

2. 教学场地与设施要求

为保证学生顺利实施与完成教学任务，本课程必须在实践理论一体化教室或专用实训室完成教学过程。由于本课程课内学时安排较紧，建议充分利用学生课外时间学习，要求教师认真做好学生的学习组织与安排。综合训练期间，校内实训室需全天对学生开放，保证学生按时完成学习任务。

课时分配

序号	情　境	计划课时
1	合成纤维纺织物的染整工艺设计	18(其中综合训练5学时)
2	纤维素纤维纺织物染整工艺设计	18(其中综合训练5学时)
3	蛋白质纤维纺织物染整工艺设计	18(其中综合训练5学时)
4	混纺和交织物染整工艺设计	18(其中综合训练5学时)
5	染整新产品开发	24(其中综合训练12学时)
合计		96(其中综合训练32学时)

目录

情境1　合成纤维纺织物染整工艺设计 …… 001
任务1-1　合成纤维纺织物的特征及规格 …… 001
学习任务1-1　合成纤维纺织物的特征描述 …… 001
训练任务1-1　合成纤维属性判定与织物规格测量 …… 004
任务1-2　涤纶织物碱减量工艺流程设计 …… 005
学习任务1-2　涤纶织物碱减量工艺流程设计 …… 005
训练任务1-2　涤纶织物染整工艺流程设计 …… 010
任务1-3　涤纶织物染整工艺条件和处方设计 …… 010
学习任务1-3　涤纶织物染整工艺条件和处方设计 …… 010
训练任务1-3　涤纶织物染整工艺条件和处方设计 …… 018
任务1-4　合成纤维纺织物染整加工设备选型 …… 018
学习任务1-4　合成纤维纺织物染整加工设备选型原则 …… 018
训练任务1-4　合成纤维纺织物染整加工设备选择 …… 022
训练项目1　合成纤维纺织物染整工艺设计与实施 …… 022
思考题 …… 030

情境2　纤维素纤维纺织物染整工艺设计 …… 031
任务2-1　纤维素纤维纺织物的特征及规格 …… 031
学习任务2-1　纤维素纤维纺织物的特征描述 …… 031
训练任务2-1　棉织物规格测量 …… 033
任务2-2　棉织物染整工艺流程设计 …… 033
学习任务2-2　棉织物染整工艺流程设计 …… 033
训练任务2-2　棉织物染整工艺流程设计 …… 038
任务2-3　棉织物染整工艺条件和处方设计 …… 039
学习任务2-3　棉织物染整工艺条件和处方设计 …… 039
训练任务2-3　棉织物染整工艺条件和处方设计 …… 044
任务2-4　纤维素纤维纺织物染整加工设备选型 …… 044
学习任务2-4　纤维素纤维纺织物染整加工设备选型原则 …… 044
训练任务2-4　棉织物染整加工设备选择 …… 058
训练项目2　纤维素纤维纺织物染整工艺设计与实施 …… 058

思考题 …… 064

情境3 蛋白质纤维纺织物染整工艺设计 …… 065
任务3-1 蛋白质纤维纺织物特征及规格 …… 065
学习任务3-1 蛋白质纤维纺织物特征描述 …… 065
训练任务3-1 丝织物和毛织物规格测量 …… 067
任务3-2 丝织物染整工艺设计 …… 067
学习任务3-2 丝织物染整工艺流程设计 …… 067
训练任务3-2 丝织物染整工艺设计 …… 074
任务3-3 毛织物染整工艺设计 …… 074
学习任务3-3 毛织物染整工艺设计 …… 074
训练任务3-3 毛织物染整工艺设计 …… 080
任务3-4 蛋白质纤维纺织物染整加工设备选择 …… 080
学习任务3-4 蛋白质纤维纺织物染整加工设备选择原则 …… 080
训练任务3-4 丝织物和毛织物染整加工设备选择 …… 085
训练项目3 蛋白质纤维纺织物染整工艺设计与实施 …… 086
思考题 …… 091

情境4 混纺织物和交织物染整工艺设计 …… 092
任务4-1 混纺织物和交织物特征及规格 …… 092
学习任务4-1 混纺织物和交织物特征描述 …… 092
训练任务4-1 涤棉混纺织物和交织物规格测量 …… 093
任务4-2 混纺织物染整工艺设计 …… 094
学习任务4-2 混纺织物染整工艺设计 …… 094
训练任务4-2 涤棉混纺织物染整工艺流程设计 …… 104
任务4-3 交织物染整工艺设计 …… 104
学习任务4-3 交织物染整工艺设计 …… 104
训练任务4-3 涤棉交织物染整工艺流程设计 …… 111
任务4-4 混纺织物和交织物染整设备选型 …… 112
学习任务4-4 混纺织物和交织物染整加工设备选择 …… 112
训练任务4-4 混纺织物和交织物染整加工设备选择 …… 116
训练项目4 混纺织物和交织物染整工艺设计与实施 …… 116
思考题 …… 126

情境5 染整新产品开发 …… 127
任务5-1 新产品开发的基本内容 …… 127

学习任务5-1　新产品开发的基本流程 …… 127
训练任务5-1　编制新产品开发策划方案 …… 138
任务5-2　新产品鉴定的基本要求 …… 138
学习任务5-2　新产品鉴定的基本流程 …… 138
训练任务5-2　编制新产品鉴定会策划方案 …… 140
任务5-3　产品加工的设备排列 …… 140
学习任务5-3　产品加工量对生产车间加工设备排列的影响 …… 140
训练任务5-3　产品产量分配与加工设备排列 …… 144
训练项目5　新产品开发综合训练 …… 146
思考题 …… 153

参考文献 …… 155

情境1　合成纤维纺织物染整工艺设计

✻ 学习目标

1. 了解合成纤维纺织物的特征及规格;
2. 学会制定合成纤维纺织物的染整加工工艺。

✻ 案例导入

浙江恒逸纺织有限公司贸易部接到浙江恒逸纺织品进出口公司询价单以后,面料分析员根据客户来样规格和目前国内市场近期的原料价格迅速完成了报价。国外客户认为报价较合理,于是签订了小批量加工合同。三个月以后,此类产品不断翻单,成为浙江恒逸纺织品有限公司的主打产品,产品品质在稳定中不断上升,原料消耗不断下降,生产管理平稳。

从上面的案例中不难发现,熟悉纺织面料基本规格,能迅速为客户提供比较准确的产品价格,对于促进纺织品出口具有重要作用。

任务1-1　合成纤维纺织物的特征及规格

学习任务1-1　合成纤维纺织物的特征描述

•知识点

(1)了解合成纤维纺织物的分类方法;

(2)了解常见合成纤维的鉴别方法;

(3)了解常见合成纤维规格的表述方法。

•技能点

(1)根据合成纤维纺织物的不同特点对产品进行分类;

(2)通过燃烧法简单划分合成纤维属性;

(3)借助常见工具测量合成纤维纺织物的基本规格。

•相关知识

1. 合成纤维及其制品的分类

随着纺织工业的迅速发展和技术的不断进步,新型的合成纤维不断涌现。20世纪中叶先后出现了涤纶、锦纶和腈纶。到20世纪末,差别化纤维、木浆纤维、氨纶等新型纤维已大量地应用于各类纺织品的加工。

涤纶是聚酯纤维的国内商品名称，由对苯二甲酸和乙二醇聚合而成，可用分散染料染色。聚酯纤维的全称为聚对苯二甲酸乙二醇酯纤维，可用英文字母 T 表示。经过多年发展，目前我国的涤纶产量已经成为世界第一。

锦纶是聚酰胺纤维的国内商品名称，由已内酰胺聚合而成。人们根据锦纶的基本链节中含有的已内酰胺的数量不同，把锦纶分为锦纶 4、锦纶 6 和锦纶 66。锦纶的国外商品名称有尼龙、卡普隆等，其强度、耐磨性和吸湿性均高于涤纶，被广泛地用来加工各类制品。尼龙可用英文字母 N 表示，是 Nylon 的缩写。

腈纶是聚丙烯腈纤维的国内商品名称，由丙烯腈与其他单体共聚纺丝而成。由于腈纶在共聚纺丝中加入第二单体和第三单体，因此腈纶制品用阳离子染料染色的染深性明显，得色鲜艳。腈纶俗称人造羊毛，人们常用其短纤维加工针织产品。腈纶可用英文字母 A 表示，是 Acrylic 的缩写。

氨纶是聚氨酯弹性纤维的国内商品名称，通常分为聚酯型和聚醚型两种类型，聚醚型弹性纤维的耐热性优于聚酯型弹性纤维。氨纶的缩写为 Sp，由 Spantex（弹性纤维）缩写而成。氨纶常被用来与其他合成纤维加工成包覆纱以提高制品的弹性。如涤/氨包覆纱可用来织造涤纶弹力织物，锦/氨包覆纱可用来加工体操服或弹力泳装等制品。在加工包覆纱过程中，氨纶被拉伸，通常的拉伸程度为 3～4 倍。所以，合成纤维弹力包覆丝中氨纶的实际线密度只是其原来的 24%～33%。

以上四种是最常见的合成纤维。另外，较常见的丙纶也属合成纤维的一种，主要用来加工地毯。表 1－1 中给出了常见合成纤维的基本属性。

表 1－1　常见合成纤维的基本性能

纤维商品名称	纤维学名	基本属性
涤纶	聚酯纤维	染色较难、不耐强碱，通过“碱减量”进行仿真丝加工
锦纶	聚酰胺纤维	耐磨性好，常用酸性和分散染料染色，较耐碱
腈纶	聚丙烯腈纤维	短纤维仿毛性突出，用阳离子染料染色颜色鲜艳
氨纶	聚氨酯弹力纤维	耐热性和耐光性较差，可明显增加纺织面料的弹性

常见合成纤维制品的分类方法主要包括以下几方面。

（1）按纤维名称分类。由于我国的聚酯纤维产量巨大，所以涤纶产品是最常见的。按照纤维名称对纺织产品进行分类时，既可以用纤维的商品名称分类，也可以用纤维的学名分类，如尼龙防雨服、腈纶针织外套等。

（2）按染整方式分类。由于合成纤维纺织物的染整加工工艺流程不同，所以，合成纤维纺织物可以分成染色布、漂白布和印花布。有时也可按纺织物的不同染色方法把产品分成不同的种类，不同的得色方法也可以作为区分织物的依据。

（3）按织造方式分类。按织造方式的不同通常把纺织面料分为机织物（梭织物）、针织物和无纺布。如常见的里子绸就是轻薄型涤纶机织物，体操服大多为锦纶弹力针织物。

（4）按制品用途分类。按照织物的用途，可把织物分成服装面料、装饰面料和产业用面料。服装面料主要用来制作服装，装饰面料可用来制作床上用品、窗帘、沙发等等，而产业用布也被称作产业用纺织品，如医疗用品、汽车篷靠、宇航服、土工布、毛毯包边布等等，都属于产业用纺织品。

2. 合成纤维的简易鉴别方法

合成纤维比较简单的鉴别方法就是燃烧法。涤纶燃烧时会出现卷曲现象，一边熔化一边冒黑烟，有黄色火焰，并伴有芳香气味。其灰烬为黑色球状物，用手可碾碎。锦纶燃烧时，边熔化边慢慢燃烧。燃烧时无烟或略有白烟，火焰很小呈蓝色，伴有芹菜香味。其燃烧灰烬为浅褐色球状物，不易碾碎。腈纶燃烧时，边熔化边慢慢燃烧。燃烧的火焰呈白色，明亮有力，有时略有黑烟，并伴有鱼腥味。其灰烬为黑色圆球状，脆而易碎。

通过染色法也可对经过前处理加工的上述三种纤维进行简便的鉴别。配置浓度为5g/L的酸性黄和阳离子红染料溶液各500mL。取三种纤维各1g分别置于盛有100mL上述浓度的阳离子红染液的烧杯中，加入5mL醋酸后将烧杯置于电炉上加热至沸并保温10min。然后将三种纤维的染色试样用大量清水冲洗至无浮色，最后通过目测观察三种纤维的颜色。得色最深、色光最艳正的染色试样就是腈纶。同理，将其余两种纤维各1g置于盛有100mL上述浓度的酸性黄染液的烧杯中，分别加入5mL醋酸后将烧杯置于电炉上加热至沸并保温10min，然后将两只染样用大量清水冲洗至无浮色。最后通过目测观察染样颜色。色光最艳、得色最深的黄色染样是锦纶，而另一种纤维则是涤纶。

锦纶弹力丝和氨纶弹力丝的弹性区别较大，通常氨纶丝的弹力远远大于锦纶弹力丝。由于氨纶中氨基较多，所以，在相同染色温度和保温时间下，用酸性染料对氨纶弹力丝和锦纶弹力丝进行染色时，氨纶弹力丝的染深性也明显地高于锦纶弹力丝。

综上所述，运用简易的燃烧试验和染色试验，可以比较准确地判定常用合成纤维的基本属性。

3. 合成纤维的规格描述

通常用线密度来表示合成纤维的粗细程度。随着国际统一单位的普及，早期常用的、表示合成纤维纤度的单位——旦尼尔，已经属于非法定单位被禁止使用。目前使用的表示合成纤维线密度的法定单位是特克斯，符号tex。在国际统一单位制中规定，如果1000m长的纤维重量为1g，则该纤维的线密度为1特克斯，写作1tex，简称1特。正如1m等于10dm一样，1tex也等于10dtex。即：当10000m的纤维其重量为1g时，该纤维的线密度就是1分特克斯，写作1dtex，简称1分特。

无论是涤纶长丝还是锦纶长丝，通常都是由一束纤维组成的。一束纤维中股数的多少，不仅与纤维的线密度有关，还与纤维抽丝时所经过的喷丝板上的孔数有关。通常，一束166dtex涤纶低弹丝的股数为72，写作166dtex/72f。一束330dtex涤纶长丝的股数为144，写作330dtex/144f。束纤维中的股数越多，纤维的柔顺程度越高，其织物的手感越蓬松。综上所述，当合成纤维长丝的股数接近其线密度的一半时，此类化学纤维属常规产品。当合成纤维长丝的股数接近其线密度时，如330dtex/288f，这样的化纤通常被称为多F丝或细旦丝。

4. 合成纤维织物的规格描述

在纺织行业中，特别是在纺织厂和印染厂中，客户和生产技术管理人员仍习惯上用传统的

方法描述化纤面料的基本规格。如经向和纬向都是300旦涤纶低弹丝的平纹箱包布,其坯布规格可用下式表示:

[T300旦×T300旦/88×68]×62英寸/64英寸

其中,T代表聚酯纤维,300旦×300旦表示经纬向都是300旦的涤纶丝。88×68表示每英寸中经向有88根300旦涤纶丝、纬向有68根300旦涤纶丝。62英寸/64英寸表示该产品坯布的内幅宽度为62英寸,外幅宽度为64英寸。坯布外幅和内幅差值,就是坏布两条布边的宽度之和。

上述表示合成纤维线密度的单位目前已经禁用,所以,用国际统一单位——分特克斯表示的上述坯布经纬原料的规格如下式:

T330dtex×T330dtex

目前表示纺织品经纬密度的法定单位是每10cm中含有的经纬纱的根数;表示纺织品门幅宽度的常用单位是米或厘米。所以,上述面料的经密和纬密分别为:347根/10cm,268根/10cm内幅宽和外幅宽分别为:157.5cm,162.6cm。

随着氨纶的大量使用,弹力织物的数量迅速上升。其经向原料为220dtex的涤纶和44dtex的氨纶包覆丝,纬向原料为165dtex的涤纶丝的经向弹力纶物可表述为:

(T222dtex+氨44dtex)×T165dtex

其经纬密度可描述如下:

经密:465根/10cm

纬密:284根/10cm

其内外幅宽可描述为:

内幅宽:145.8cm

外幅宽:148.3cm

训练任务1-1 合成纤维属性判定与织物规格测量

•实施步骤

(1)运用所学知识判定常见合成纤维属性;

(2)借助相关工具测量合成纤维规格;

(3)借助相关工具测量合成纤维织物规格;

(4)指导教师指导学生完成相关操作;

(5)指导教师对实验报告提出基本要求。

•基本要求

(1)明确目标。明确知识传授目标和技能训练目标。

(2)讲解指导。通过课堂教学,讲解相关知识。

(3)提出问题。如何鉴别常见合成纤维属性?

(4)布置任务。通过发放训练任务书1-1,进一步明确训练任务的目的和步骤。

(5)分组。每组3~4名同学,每位组员在不同的训练任务中轮流任小组长。

(6)巡回指导与过程控制。在实训室指导学生完成训练任务,回答问题,控制训练进度。

(7)学生交流与教师总结。每次训练完成后,并请两组同学展示成果,并请其他同学发表意见;指导教师肯定学生的优点,指出训练中存在的不足。

训练任务书1-1 合成纤维纺织物基本规格的判定

1. 如何给常见合成纤维纺织物分类?

2. 通过查找资料列表比较合成纤维机织物、针织物的主要优点和缺点?

织物	主要优点	主要缺点
针织物		
机织物		

3. 哪些因素影响合成纤维属性鉴别结果的准确性?

4. 哪些因素影响合成纤维规格测量的准确性?

5. 训练过程记录:

- 纤维长度______、______、______;
- 纤维总长度______;纤维总质量______;
- 纤维的特(克斯)数______;纤维的分特数______;
- 本组所检验的纤维燃烧后的基本现象是______;
- 本组所检验的纤维染色后的基本现象是______;
- 本组所检验的纤维属性是______。

6. 本组检测的合成纤维面料试样的经密______、纬密______;

7. 试样风格描述:______。

任务1-2 涤纶织物碱减量工艺流程设计

学习任务1-2 涤纶织物碱减量工艺流程设计

•知识点

(1)了解制定涤纶织物碱减量工艺流程的基本原则;

(2)了解制定涤纶织物碱减量工艺流程的一般要求。

•技能点

(1)根据所学知识设计涤纶织物碱减量工艺流程;

(2)说明工艺流程中各工序的基本作用。

• **相关知识**

1. 涤纶机织物碱减量加工

涤纶以其良好的强度、适中的刚性、较好的可染性,被广泛地使用。如果粗略的对涤纶机织物进行分类,大致可分为常规织物、强捻织物和弹力织物。其中涤纶强捻织物的仿真丝绸整理,就是通过涤纶织物的碱减量加工实现的。而涤纶新合纤仿麂皮绒产品的加工,也离不开碱减量。虽然近几年涤纶强捻减量织物的比例逐渐减少,但在染整加工过程中碱减量工序出现的频率并没有降低。“开纤”和轻减量的大量使用,使得研究碱减量加工工艺,仍具有重要的现实意义。本文为了讨论方便,先给出强捻仿真丝织物的染整加工流程:

备布→预缩→预定形→碱减量→水洗→染色→后处理→脱水→烘干→定形→检验

其中预缩和预定形对碱减量工序的影响比较大,碱减量以后的水洗对染色质量影响较大。

(1)碱减量原理。在一定温度下,涤纶在烧碱溶液中于纤维表面产生水解现象,叫做涤纶的“剥皮”。涤纶被碱溶液剥皮以后,纤维变细,纱线之间移动的空间变大,涤纶丝的刚性降低,织物的手感得到明显改善。这个过程就是涤纶机织物的碱减量。

(2)设备与工艺。

①练池碱减量。涤纶机织物碱减量设备是随着碱减量工艺的变化逐渐发展起来的。受到真丝吊练的启发和影响,早期的涤纶减量设备也采用了吊练方式。吊练减量池也被称作练池,某些特殊涤纶织物的减量,目前仍采用练池减量方式。

练池既可以搭建在地面上,也可采用“下挖式”搭建练池。前者便于整缸织物碱减量后的吊装和碱减量残液的排放,但不利于液碱的添加;后者便于液碱的补充,不便于残碱的排放。练池碱减量生产效率较低,易在织物边部留下破洞。如果吊线断开,还会引起碱减量过程中坯布某一段脱落于练池之中的现象,最终引起此段坯布减量过重的质量事故。同时,减量时若人工拎动布匹不及时,容易在减量坯布的折转处产生俗称“刀口印”的减量痕。

用标准酸溶液滴定工作液中有效碱浓度的方法是可行的。碱的浓度稳定,只要再控制减量温度和时间,就可以有效地控制织物的减量率。往高台式练池内补充液碱时,必须注意安全。减量池边必须有护栏,护栏的高度为1m左右。给工作液加热时,操作工长不得离开工作现场。

②机缸碱减量。机缸碱减量是在染缸内完成的。通常染厂都采用容积较大的“J”型缸来作固定的碱减量机缸,以提高生产能力。

机缸碱减量虽属间歇式的,但不产生“刀口印”之类的疵点。高温高压的喷射溢流染色机作碱减量缸,可使碱减量过程在高温下完成。高温碱减量可以提高效率,但控制不当容易出现减量过重的现象。

减量过程控制的主要因素包括:液碱加入量、减量温度、减量时间和促进剂的加入量。检验碱减量效果主要看织物的手感和强力。减量手感不是越软越好。手感过软而缺乏身骨是减量过重的表现。既有比较柔软的手感,又有一定的回弹性,还有一定的身骨,这样的手感才是比较理想的。

机缸碱减量的具体操作要求与涤纶织物的染色操作要求类似。需要特别指出的是,经过预定形的涤纶强捻织物,其手感较硬。染缸减量进布时速度过快、喷嘴压力过大、织物不经过导布环，都会造成织物的剧烈抖动，与缸口发生剧烈的碰撞，造成织物表面产生大量无法修复的疵点——鱼鳞斑。

③间歇式减量机碱减量。间歇式减量机是改进的减量缸。位于减量机顶部的液碱回收装置可提高减量残碱的利用率。减量温度可达98℃，有利于随时控制织物的手感。其减量温度虽低于染缸减量，但由于加工量的提高和液碱的有效利用，总体效率仍较高。

④连续式减量机碱减量。连续式减量机一般为平幅减量，特别适合于大批量的轻薄涤纶强捻机织物。减量重，手感要求高，是对大批量强捻轻薄涤纶机织减量产品的基本要求。液碱利用率高，生产效率高，水洗效果好，是连续减量机的基本特点。表1－2比较了四种碱减量设备和工艺的主要特点。

表1－2　常见碱减量设备和工艺特点比较

比较项目	练池	间歇式减量机	染缸	连续式减量
设备体积	较大	较小	最小	最大
设备价格	最小	较高	较小	最高
容布量	28匹	28匹	14匹	连续式加工
减量温度	60～70℃	98℃	125℃	98℃
液碱使用效率	较高	较低	最低	最高
水洗效率	最低	较低	较高	最高
设备维护成本	最低	较高	较低	最高
手感统一性	较高	较低	最低	最好
适合的品种	较广	较广	中厚、小批量	轻薄、大批量
综合评价	较好	最好	较好	较好

(3)碱减量分类。早期的碱减量直接在染缸中进行，不需要做预缩和预定形。人们习惯上把直接在染缸内的减量叫做一次减量。把经过预缩和预定形之后再做碱减量加工方式称为二次减量。一般情况下，一次减量在染缸中进行，二次减量既可以在练池中进行，也可以在间歇式减量机或连续式减量机中进行。按照液碱加入量的多少，还可以把一次减量分为轻减量和重减量。通常，加入的液碱占织物重量的10%以下，称作轻减量；若加入15%以上的液碱，则称做重减量。一次减量织物手感的回弹性明显不如二次减量织物的回弹性。虽然普通涤纶织物在前处理时也加入液碱，但前处理时加入的液碱一般不会超过织物重量的5%，而且前处理的温度大多不超过80℃以上。轻减量的温度一般在110℃，重减量的温度一般在120℃。

(4)工序控制。涤纶长丝的捻度越高，碱减量需要的时间越长。在固定减量温度、减量时间和液碱浓度以后，随着织物捻度的提高，为了保证生产效率，可以考虑在碱减量时适当加入促进剂，其加入量不可超过织物重量的2%。

①预缩。涤纶强捻机织物的预缩在染缸内以绳状进行，预缩温度高于精练温度而低于染色温度。预缩是高温湿热状态下的前处理，除了要去除织物上的浆料、油剂、污迹等杂质以外，还要通过高温湿热加工使织物在预缩前形成的内应力尽量消除。在高温湿热状态下，纤维内部结

晶度高的区域出现解取向趋势，结晶度低的区域出现取向趋势。整个织物的取向度趋于一致，织物在织造和储存过程中形成的内应力得以释放。最终的结果就是织物的尺寸稳定性增加，织物表面平整，门幅稳定。

预缩时，喷头拉力越大，织物门幅收缩越明显。喷头口径过小，影响织物顺畅穿过喷嘴，易引起织物戳伤，从而造成织物收缩不均匀。喷头口径过大，当喷嘴拉力调整到过大时，无布边组织封边的织物容易产生泄边现象。织物泄边后对后续加工和成品定形将产生重大影响。虽然提高织物进缸温度可以改善织物的泄边现象，但预缩时染缸内水温过高易引起门幅收缩不均匀。

分段升温、在不同的升温阶段保温，是强捻织物预缩过程中延长工艺时间、缓和工艺条件的主要方式，都会使织物预缩的效果更明显。预缩工艺曲线（如图1－1所示）。

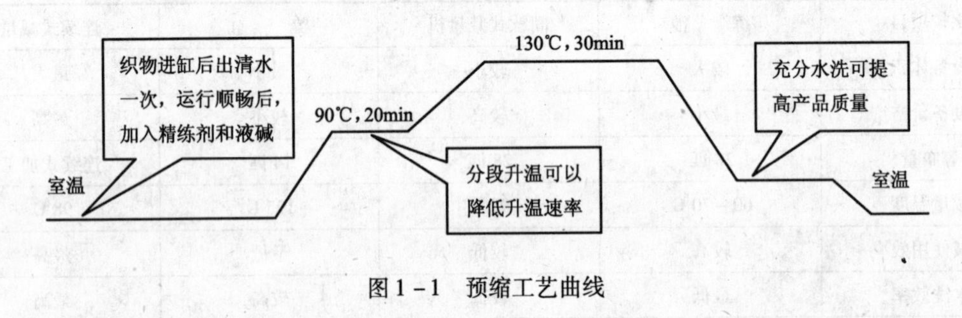

图1－1　预缩工艺曲线

②预定形。预定形是在定形机上进行的。对于涤纶减量织物来说，预定形是预缩的继续。预缩是在湿热状态下进行的，而预定形是在干热下状态进行的。湿热状态下缓慢预缩的结果，需要干热状态下预定形的巩固和加强。温度、门幅、张力和车速是预定形工序的主要工艺参数。预定形温度略高于成品定形时的温度，有利于预定形后织物的尺寸稳定性。车速的快慢不仅取决于烘房的长度，还取决于织物厚度、原料性质、组织结构等。

通常，根据预缩门幅、织物预定形前布面的平整程度以及成品定形门幅来确定预定形门幅。预定形时，门幅的调整幅度和定形温度的波动也不宜过大，否则，经过碱减量和染色后，同一缸中的织物会因门幅相差过大而无法进行成品定形。温度越高、张力越大、布面越平，减量织物的表观硬度也越明显。如前所述，织物预定形后硬度越高，碱减量时织物的手感越容易控制，减量后织物的手感越真实。适当保持预定形过程中碱减量织物的经向缩率，有利于保持减量后成品的回弹性。

③水洗。减量后染色前的水洗十分重要。去除减量织物表面的涤纶粉末，是减少色花的前提。合理保持织物表面的pH值，是保证颜色准确性的基础。若前处理出水不净，或染液pH值偏高，织物表面有残留的碱分，成品定形时残留的碱分在高温作用下会使分散红3B变成发蓝光的新染料，在织物表面形成无规则的、大块的蓝斑，且无法回修。

2. 改性涤纶织物的染整工艺

涤纶（PET）作为化纤中产量最大的一种，在国民经济发展及人们日常生活中发挥着越来越重要的作用。用分散染料通过高温高压法对涤纶染色后，织物色泽鲜艳、牢度好、挺括、强度高。而在较多的改性涤纶中，阳离子染料可染改性涤纶的应用最为广泛。其俗称CDP纤维，由间苯二甲酸二甲酯-5-磺酸钠作改性剂,在涤纶上引入磺酸基团,使其原有的规整性受到破坏,结构比原来更松散,阳离子染料在常温下可对其染色。利用涤纶和改性涤纶对分散染料和阳离子染料不同的吸收特性,可赋予织物不同色泽。

(1)原料性能比较。与普通涤纶相同,改性涤纶也分为低弹丝(DTY)、牵伸丝(FDY)和预取向丝(POY)三个主要品种。由于抽丝时卷绕速度和热定形效果不同,上述三种纤维的取向度、沸水收缩率和染深性也有所不同。具体性能比较见表1-3。

表1-3　改性涤纶丝不同品种的性能对比

品　种	卷绕速度	热定形效果	取向度	沸水收缩率	染深性
FDY	+⊕	++	++	+	+
POY	+++	+	+	++	++
DTY	*	+	++	+	+

注　⊕:"+"越多,表示抽丝过程中相同线密度的FDY和POY加工工艺参数上区别越大。

*:DTY的加弹卷绕速度与FDY和POY的抽丝卷绕速度没有可比性。

以线密度较接近的FDY和POY为例,由于FDY在抽丝过程中卷绕速度更慢、定形区间内受热时间偏长,所以FDY比POY的内部取向度更高,织成布后的沸水收缩率偏低,染深性稍差。通常FDY原料加强捻后用来开发仿真丝类织物,DTY原料加强捻后用来开发仿麻类织物,而POY原料更多地用来开发仿毛类织物。

(2)常见织物比较。虽然涤纶与改性涤纶织物千差万别,但归纳起来,长丝织物主要有以下三种,且前两种居多。

①低捻织物。早期涤纶产品经纬原料捻度较低,染整工艺较简单。在分散阳离子染料没有被广泛使用之前,大多数染厂用普通阳离子染料与分散染料于130℃下同浴染色。普通涤纶染浅色,改性涤纶染深色,成品表面出现明显的不规则双色条纹。

②强捻织物。此类产品通常由涤纶和改性涤纶的FDY原料组成,捻度较高,需碱减量加工。此类织物是通过增加经纱和纬纱的捻度来增加纱线刚性的,再通过碱减量加工来降低纱线的刚性,从而增加了纱线间相对滑动的空间,使成品整体呈现较好的悬垂性、飘逸性和回弹性。

③弹力织物。此类产品由涤纶和改性涤纶的FDY和DTY的氨纶包覆丝组成,捻度较低,经染整加工以后成品富有弹性。按照成品呈现的弹力特点,还可分为纬向弹力织物、经向弹力织物和经纬双向弹力织物。在印染企业中,也有把经纬双弹织物称为经纬"四面弹力织物"的。

(3)工艺流程。上述三种不同类型的织物,在加工中需不同的工艺流程。

低捻织物:备布→前处理→出水→染色→后处理→定形→检验包装

强捻织物:备布→预缩→预定形→碱减量→出水→中和→染色→后处理→定形→检验包装

弹力织物:备布→平幅精练→预缩→预定形→染色→后处理→定形→检验包装

(4)工艺讨论。综合上述工艺,三类品种主要包括以下工序:前处理、平幅精练、预缩、预定形、碱减量、染色和成品定形。

①前处理。CDP的POY织物,前处理工艺条件比强捻织物柔和。加工中使用中性去油灵,

工艺温度不超过80℃。若坯布纬向全部使用POY原料，当前处理工艺条件或工艺处方失控时，就会出现成品门幅过宽、平方米重下降的现象。

②平幅精练。无论是卷装还是匹装的经向弹力或纬向弹力织物坯布，通过存放无法消除因织造时纬纱受力不均衡而“隐藏”于织物内部的应力。用平幅精练方式对弹力织物进行平幅加工，可在温和湿热状态下消除坯布内应力，减少织物在后续加工时布面产生褶皱的机会。

③预缩。强捻织物和弹力织物的预缩过程既是前处理过程，也是织物在较剧烈的湿热状态下进一步收缩和消除内应力的过程。经纱收缩变粗后会进一步加大纬纱缩率。预缩时缓慢升温可减少布面皱痕。加大喷嘴压力可减小经纱收缩与弯曲。喷嘴压力过大可能会造成织物布边破损。

④预定形。预定形温度过高，CDP布边容易产生“刀口印”。所谓“刀口印”就是成品布边出现了有规则的与织物其余部位颜色明显不同的现象。为了防止上述现象的发生，CDP产品的预定形温度以不超过200℃为宜。若预定形前对织物进行烘干，预定形时可适当降低定形温度以消除“刀口印”。

⑤碱减量。在采用低碱浓度下高温高压法减量或常温常压下高碱浓度减量时，若加入减量促进剂，可能因操作不慎导致CDP上吸收阳离子染料的单体剥落。常温下的减量机减量或染缸减量更适合加工CDP强捻产品。吊练法减量易在织物折叠处留下“折布痕”。

⑥染色。分散阳离子染料与分散染料一浴法对涤纶和改性涤纶产品染色，不仅可以提高染色效率，还可以解决普通阳离子染料与分散染料一浴法染色时对涤纶的沾色问题。用上述染料一浴法染色，即使对涤纶部分漂白，对改性涤纶部分染深色，普通涤纶部分也不会沾色。

训练任务1－2　涤纶织物染整工艺流程设计

•引导文

南通纺织染集团第一印染厂年产各种规格的纯涤印染产品3600万米以上，主要分为仿真丝织物、弹力织物和染色织物。请根据已经掌握的知识，编制涤纶织物染整加工流程和工序说明。

•基本要求

1. 请设计纯涤织物碱减量加工的工艺流程；
2. 请说明改性涤纶产品染色加工的注意事项；
3. 请说明涤纶弹力织物前处理加工的注意事项；
4. 请编制涤纶弹力织物的工序说明。

任务1－3　涤纶织物染整工艺条件和处方设计

学习任务1－3　涤纶织物染整工艺条件和处方设计

•知识点

了解涤纶织物染整工艺条件和工艺处方的设计要求。

• **技能点**

正确表述涤纶织物染整加工的工艺条件和工艺处方。

• **相关知识**

1. 涤纶漂白织物加工

涤纶机织物作为涤纶纺织物的主要组成部分，具有广泛的用途，其中涤纶漂白、增白机织物在加工中也占有一定比例。增白织物的白度明显高于漂白织物，如何保持和提高织物白度，降低其泛黄性，增加弹力织物的尺寸稳定性，对于提高含涤漂白、增白织物的加工品质具有重要意义。

(1)织物分类。按原料组成，含涤增白机织物可分为纯涤增白织物、交织增白织物和混纺增白织物。按照有无氨纶分类，可分为弹力增白织物和非弹力增白织物。按照捻度分类，可分为强捻增白织物和低捻增白织物。由于各种纺织材料基本性能不同，所以与之配套的染整加工工艺也不同。为充分满足小批量多品种的市场需求趋势，本文以间歇式绳状浸染加工方式为主来讨论产品加工工艺。间歇式平幅卷染加工工艺在核心工艺控制上与绳状加工工艺类似，只不过在工艺叙述时有所区别。含涤增白机织物产品如表1－4所示。

表1－4　涤纶增白机织物产品分类

序号	经向原料	纬向原料	织物类型	主要特征
1	低捻涤纶长丝	低捻涤纶长丝	纯涤	仿毛，可做台布
2	强捻涤长丝	强捻涤长丝	纯涤	通过碱减量改善手感，仿麻
3	涤纶和氨纶	涤纶长丝	经弹织物	经向有弹力，经向缩率较大
4	涤纶长丝	涤纶和氨纶	纬弹织物	纬向有弹力，易出褶皱
5	涤纶和氨纶	涤纶和氨纶	双弹织物	经纬向都有弹力

(2)工艺分类。按照表1－4中织物分类特点制定染整加工工艺，含涤增白织物主要加工工艺可分为以下几类。

①普通纯涤（低捻或中捻）织物：此类织物只需经过前处理精练，无需预缩、预定形或碱减量，其加工流程如下：

备布→前处理漂白（增白）→水洗→脱水→烘干→定形（整理）→检验包装

②普通纯涤（高捻）增白织物：此类织物最大的特点就是原料的捻度偏高，坯布手感硬挺，有麻织物感觉。为了改善手感，需要通过涤纶仿真丝绸整理工艺对织物进行碱减量，具体工艺流程如下：

备布→预缩→预定形→碱减量→前处理漂白（增白）→水洗→脱水→烘干→定形→检验

③涤纶弹力织物：涤纶弹力漂白织物经纬原料中都有可能含有氨纶，有经向弹力织物、纬向弹力织物和经纬双向弹力织物，具体的加工流程如下：

备布→预缩→预定形→前处理漂白→水洗→脱水→烘干→定形→检验

比较上述流程，强捻织物的加工需在纯涤产品加工工艺基础上调整流程。而弹力织物加工时，既要满足弹力织物的加工要求，也要满足织物漂白、增白的加工要求。表1－5比较了上述三类工艺的加工重点。

表1-5 不同种类含涤增白织物工艺重点

序号	织物类别	加工重点
1	普通纯涤织物	普通纯涤织物可以在精练时提高工艺温度,通过一浴法完成漂白增白加工,达到提高加工功效的目的
2	纯涤强捻织物	纯涤强捻织物需要通过"碱减量"加工改善手感。预定形温度过高对成品白度有影响
3	涤纶弹力织物	涤纶弹力织物的漂白、增白加工既要保持面料的弹力和布面平整程度,还要保持成品白度。预定形温度过高也会影响成品白度

(3)工序讨论。

各工序作用及加工注意事项见表1-6。

表1-6 各工序作用及加工注意事项

序号	工序	工序作用和加工注意事项
1	备布	备布属于加工前的准备,可在该工序进行坯布抽检、称重、缝头。含有氨纶的织物备布后不可暴晒,否则氨纶易断。堆置时间过长也容易造成织物内应力不均匀,影响门幅尺寸的稳定性。发现通匹织物有明显油丝或油迹,必须拿出,用来染深色
2	预缩	预缩的目的是在湿热条件下消除织物的内应力,主要的预缩设备是高温高压溢流染色机,预缩时设备内部必须清洁。弹力织物的预缩要求升降温速度须比普通织物适当降低。升降温速度过快,织物内应力释放加剧,会在织物表面留下痕迹,集中表现为织物表面出现大量皱痕。染缸内的残留染料会对漂白、增白织物产生污染,严重影响成品白度。预缩时可加入精练剂去除织物表面杂质
3	预定形	预定形的主要目的是在干热条件下巩固预缩成果,进一步消除织物内应力。主要设备是针板式拉幅定形机。预定形时定形机内部必须清洁,任何残留在烘房内的分散染料都会对涤纶增白织物产生沾污而影响成品白度。预定形时注意进布和落布的沾污,保持织物预定形时手感的统一性,对于稳定成品尺寸有益。预定形温度适当高于成品定形温度有利于提高成品白度,降低漂白增白织物的泛黄性
4	漂白 增白	漂白加工在染缸内完成,增白加工可与漂白一起完成,也有厂家采取成品定形时浸轧增白剂的方法。染缸内漂白、增白温度可超过预缩温度,而低于涤纶织物染色温度。为提高白度,通常使用30%的双氧水作为漂白剂。浓度过高的双氧水贮存稳定性稍差。CPS增白剂可用于涤纶组分增白,VBL增白剂可用作纤维素纤维组分增白。增白剂加入过量会引起织物泛黄。加入的双氧水稳定剂的用量必须与又氧水的加入量相匹配。螯合分散剂加入对于稳定交织混纹产品品质、提高漂白、增白效率有益。加蓝增白是最常用的方法
5	水洗	水洗的主要目的是为了降低织物表面的pH值。适量加入乙酸可增加水洗效率。织物表面pH值过高,可能会导致纺织品生态性检验不合格
6	脱水	采用离心脱水机脱水较常见。保持运布车辆和脱水设备进出布导轮的清洁对于保持织物白度、减少织物沾污十分重要

续表

序号	工序	工序作用和加工注意事项
7	烘干	只要定形机的数量能够满足生产需要，可以考虑直接成品定形，而省去烘干工序。若漂白、增白织物染色后无法及时进行成品定形，也可考虑先烘干后定形。烘干时注意布车和烘干导带的清洁性，杜绝沾污是烘干工序必须考虑的问题
8	成品定形	定形机车身干净，落布区域地面清洁，码布工必须穿工作鞋进入码布场地。定形温度适当降低，以降低织物的泛黄性。浸轧增白剂浓度必须一致，增白剂浓度过高织物泛黄性会明显增加。定形后需及时检验、包装增白产品，运布车辆必须清洁
9	检验包装	保持检验工作台、卷布机及检验人员双手清洁，是保持和提高检验包装阶段增白产品白度的重点。检验后打卷前增白产品存放时间不宜过久，以免灰尘沾污。存放织物的布车必须清洁

①预缩。纯涤强捻织物和各种含涤弹力织物的预缩加工在染色设备内完成。预缩温度与织物规格有关，强捻织物预缩温度高于弹力织物，可达130℃。温度过高，预缩时加入的精练剂容易把染缸内壁上的杂质剥落，对织物造成污染，最后影响白度。保温时间长短不仅与织物捻度有关，还与坯布门幅有关。坯布门幅宽，保温时间必须适当延长，否则成品门幅就会过宽，织物风格就达不到客户要求。升温速度的控制也与织物规格有关。平板类织物升温速度稍慢，树皮绉之类的织物升温速度可稍快。弹力织物特别是纬向弹力织物的预缩升温速度是最慢的。升温速度的控制可以采取分段保温的方式实现。预缩时，可适当加入精练剂以去除织物上的各种杂质。杂质主要包括浆料、油迹、泥迹、污迹、纺丝与织造过程中加入的各种油剂和其他杂质等。对于涤纶强捻长丝机织物来说，预缩阶段的去杂是相对重要的。如果预缩阶段不能去除上述杂质，那么预定形后则更难以去除。精练剂的高效性，不仅表现在用量少、润湿性强，还表现在耐碱性强、渗透作用明显等方面。为提高预缩阶段去杂作用，预缩时还可加入适量液碱。为了增加精练剂的渗透性，也可以加入适量渗透剂JFC。虽然渗透剂JFC浊点较低，但在浊点以下的时间内其所起的作用可充分弥补普通精练剂渗透作用的不足。由于预缩时加入碱性精练剂和少量液碱，所以降温排液后可先酸洗再水洗，以免用水量过大。预缩后可通过检测样品白度验证工序加工效果。如果白度不够，不可通过添加增白剂的方式来提高织物白度。因为其后的预定形温度较高，此时增白，高温预定形后织物泛黄性明显增加。表1－7中数据表明预缩温度对织物回弹性的影响。

表1－7　预缩温度变化对弹力织物回弹性的影响

序号	温度(℃)	保温时间(min)	碱性精练剂(g/L)	回弹性变化
1	115	60	5	94.5%
2	120	60	5	96.7%
3	125	60	5	98.1%
4	130	60	5	101.2%

注　织物规格为：经纱T/R(65/35)148dtex/＋氨44dtex，纬纱同经纱，平纹组织；经纬密度：275根/10cm×175根/10cm。

②预定形。温度、门幅、车速是预定形工序的主要工艺参数。含涤机织增白产品预定形温

度与织物规格有关。强捻织物定形温度稍高，一般不超过200℃。弹力织物定形温度稍低，一般不超过195℃。车速的确定不仅与织物厚度、含潮率有关，还与定形机长度有关。织物越厚、含水越多、定形机车身越短，定形车速越低。弹力织物预定形时织物表面平整程度，特别是接头处的平整程度，直接影响成品的平整程度和成品的正品率。预定形温度对织物白度的影响见表1－8。表1－8中织物规格同表1－7，浸轧的增白剂为涤纶用增白剂CPS和纤维素纤维用增白剂CDP，其加入量各2g/L。浸轧方式为两浸两轧，轧点压力为0.35MPa。

表1－8 预定形温度对织物白度影响

序 号	温度(℃)	时间(s)	浸轧增白剂(g/L)	织物相对白度(%)
1	170	120	2+2	74.2
2	180	120	2+2	71.7
3	190	120	2+2	68.4
4	200	120	2+2	66.3

③漂白增白。普通纯涤纶织物的漂白与增白多为一浴法，去杂、漂白、增白一次加工完成。一浴法漂白增白工序相关工艺条件见表1－9，工艺配方见表1－10。为降低织物表面酸碱度，漂白或增白加工之后先酸洗后水洗可降低用水量，提高水洗效率。

表1－9 漂白、增白参考工艺条件

序 号	工艺条件	工艺条件讨论
1	温度	纯涤：<130℃，涤/棉：<125℃，涤/黏：<120℃
2	升温速度	弹力织物稍慢，普通织物可稍快，通常1℃/min
3	保温时间	弹力织物稍短，普通织物稍长，通常保温时间为30min
4	酸碱度	pH值10~11

表1－10 漂白、增白参考工艺配方

序 号	工艺配方(owf)	工艺配方讨论
1	50%的双氧水	涤棉交织物：2%，涤黏、涤棉混纺织物1%
2	475g/L(40°Bé)泡花碱	涤棉交织1%，涤黏涤棉混纺0.5%，弹力织物用量减半
3	DT(CPS)	本白0~0.05%，漂白0.05~0.1%，增白0.1~0.2%，CPS用量减半
4	VBL(CDP)	涤棉交织0.1%，涤黏、涤棉混纺0.05% CDP用量减半
5	加蓝	利沙来青莲、分散紫或分散蓝2BLN：0.001%以下
6	螯合分散剂	含涤混纺或交织物：0.75%
7	30%(30°Bé)液碱	含涤混纺或交织物：0.2%，补充调节pH值

表1－10中荧光增白剂CPS为双苯乙烯型涤纶纤维增白剂，具有用量少、白度高、鲜艳度高的特点。涤纶弹力织物漂白时，为保持氨纶弹性，可以降低液碱加入量，也可以适当缩短保温时

间、降低工艺温度。纯涤类织物漂白、增白时也可加入少量双氧水,以去除织物上的各种色素,提高织物白度。表1-11中的数据表明,液碱加入量对涤纶弹力织物回弹性的影响十分明显。

表1-11　碱浓度对涤纶弹力织物回弹性变化的影响

序　号	漂白最高温度(℃)	保温时间(min)	液碱(g/L)	回弹性变化
1	130	60	1	96%
2	130	60	2	99%
3	130	60	3	104%

④成品定形。涤纶织物的增白也可通过定形时浸轧增白剂提高白度。为保持白度的统一,可在成品定形前一次性配置浓度均匀、数量充分的增白工作液。

⑤其他。为进一步提高涤纶经向弹力漂白织物的尺寸稳定性,服装厂在裁片之前可以对漂白织物进行加湿预缩。通常情况下通过加湿预缩可降低经向缩率5%以上,这对于提高服装裁片正品率,降低缝纫换片率具有重要作用。通过提高定形温度来提高弹力漂白织物的尺寸稳定性会严重影响织物白度。

2. 涤纶绒类烂花产品加工

近年涤纶针织珊瑚绒印花烂花产品的开发与加工迅速发展,产品应用领域不断扩大。在涤纶针织绒类产品的圆网印花加工过程中,利用涤纶纤维不耐热碱的性质,在印花糊料中加入专用烂花色浆对绒类产品的表层进行烂花处理。通过后续蒸化使绒类产品表面绒毛的高度出现差异,最终完成涤纶针织珊瑚绒类产品的烂花和印花加工。利用上述工艺开发烂花印花产品,其绒面立体感明显增强,极大地提高了产品的附加值。

涤纶针织珊瑚绒产品包括单面绒和双面绒两类产品,其中单面绒类产品较常见。该产品的主要特点是光泽柔和、手感轻盈顺滑、色彩丰富,耐穿不显旧和易清洗。但产品易产生静电,加工过程控制不当易产生掉毛现象。通常,涤纶针织珊瑚绒产品的加工流程如下:

坯检→翻布→精练→脱水→预定形→烂花(印花)→蒸化→刷毛→柔软整理→脱水→开幅→成品定形与检验

(1)坯检。坯布检验要求见表1-12。坯检出现不合格时,应作出标记和处理。处理方法包括让步接受、返工、返修、降级、改作他用或报废等。门幅超差不严重时可通过定形或整烫加工满足产品加工对坯布的基本要求。

表1-12　涤纶针织珊瑚绒坯布检验质量要求

<table>
<tr><th>检验项目</th><th>质量要求</th><th>检验方法</th><th>抽样方法</th><th>备　注</th></tr>
<tr><td>尺寸偏差</td><td>≥-2%</td><td>钢卷尺测量</td><td rowspan="2">每批抽10~20件应100%合格,否则加倍抽样,如仍不合格须进行全检</td><td rowspan="3">按客户要求进行检验</td></tr>
<tr><td>g/m^2</td><td>≥±5</td><td>电子秤称量</td></tr>
<tr><td>外观质量</td><td>无明显的毛卷、疵点、小洞、污渍、坏针、短毛、直条、剪刀洞</td><td>目测</td><td>全检</td></tr>
</table>

(2)翻布。若坯布进厂时呈卷状,配缸时则需退卷,使其呈折叠状。翻布时将布匹翻摆在堆布板上,同时将两布头拉出。翻布时须注意布边整齐,布头不能漏拉,做到正反、里外一致。为便于加工,通常把同规格、同工艺的坯布归为一类进行分批分箱。为避免出错,须在每卷布两头打印。打印印记要标出原布品种、加工类别、缸号、匹数、发布日期和重量等信息。将堆布板上的坯布装入布车之前需进行缝头。用三线包边机缝头可提高缝头质量,降低消耗。缝头用线以涤棉混纺缝纫线效果最好。

(3)精练。通过喷射溢流染色机对绒类产品进行前处理加工。前处理的主要助剂包括精练剂2g/L,净洗剂2g/L,30%的液碱2%(相对织物重量)。精练的主要目的是去除纤维表面杂质。这些杂质主要包括纤维表面的油剂和织物表面的少量沾污。精练温度不超过80℃,工艺时间根据织物表面的清洁程度而定,通常在30min以内。精练后的脱水通过离心脱水机完成,脱水后的开幅通过自动开幅机完成。

(4)预定形。

温度:200℃;

车速:40m/min,织物越厚,预定车速越慢;

循环风机:上下循环风机以最大转速全部开启;

门幅:根据成品要求而定,通常比成品门幅窄2cm;

张力:通过控制预定形张力进一步控制产品平方米重,满足客户要求。

工艺说明:为提高加工效率,预定形温度不低于200。预定形温度过高坯布易泛黄,影响浅色织物颜色鲜艳度。预定形操作时织物绒面向下,顺毛进机,烘箱内开上风,关下风。织物进入烘箱前务必绷紧,否则上吹风易使绒毛碰到定形机内下吹风口,造成绒毛因局部过热而急剧收缩。出布时须向布面打冷风和通过定形机机尾的冷却辊进一步给织物降温。

为进一步提高面料白度,可在预定形时浸轧荧光增白剂。荧光增白剂DT的加入量通常在2~4g/L之间。预定形以后织物的白度以客户留样为标准,白度不够可通过适度地增加荧光增白剂用量来调节。但是,荧光增白剂加入过多或者预定形温度过高都可能引起织物轧白后泛黄。一旦织物出现过度泛黄现象很难回修。为保持同批号产品的白度稳定性,预定形前可根据产品加工量配制荧光增白剂工作液总量。根据轧车水槽液面高度下降程度,及时补充荧光增白剂工作液,保持轧车轧点线压力的稳定性,都可以较好地保持产品的白度稳定性。

(5)烂花印花。

工艺流程:进布→打底糊→烂花→印花→烘干→落布

工艺设备:圆网印花机(包括烘干部分)

打底糊:C-AZ糊料占40%,水占60%,渗透剂占打底糊料重量的2%。打底糊通过印花圆网涂敷于织物表面以后,可适当保持绒面绒毛的坚挺程度,为绒面吸收烂花或印花色浆提供比较充分的空间。打底糊料具有较强的吸水能力,对烂花或印花色浆保持强烈的吸附作用。

烂花浆:含有碱剂的专用烂花浆C-SPL-5D占全部烂花浆的65%,增稠剂ATR占烂花浆总重的25%,水占烂花浆总重的10%。在打底糊的吸附作用下,烂花浆迅速被吸收,充满了织物表层绒毛原本占据的空间,为后续的高温湿热状态下烂花加工奠定基础。

印花浆:分散染料的加入量根据客户来样和工厂打样结果而定。印花浆的黏稠程度可通过增稠剂来调节。为提高印花色浆中分散染料的扩散,可在色浆中加入2%的扩散剂。

工艺条件:

印花车速:15m/min

圆网压力:80~90kPa

烘干温度:110℃

(6)蒸化。在以往的印花产品加工过程中,蒸化的目的是为了使色浆中的染料最大限度地渗透到纤维内部,提高织物得色量。而绒类烂花印花产品加工的蒸化工序在完成上述工艺目的的同时,必须完成对绒类表面的烂花加工。

工艺流程:进布→气蒸→焙烘→落布

工艺设备:气蒸箱和还原蒸箱

工艺条件:

加工车速	15m/min
气蒸温度	102℃
气蒸箱容布量	600m
焙烘温度	175℃
焙烘箱容布量	300m

(7)刷毛。刷毛在刷毛箱内完成,刷毛箱后部连接平幅水洗机。刷毛箱内有喷水装置,通过喷水和刷毛去除印花加工中粘附在织物表面残留的浆料、色浆、助剂和脱落绒毛。刷毛后的水洗可进一步提高印花产品的牢度和产品鲜艳度。

工艺流程:进布→2道毛刷(3喷头)→2道毛刷(2喷头)→平幅水洗→烘干→落布

平幅水洗槽的数量越多,洗涤效率越高。通常的水洗槽数量在四个以上。水洗槽之间的连接处装有均匀轧车,通过清浊分流可进一步充分提高水洗效率。

水洗后的烘干在松式(导带式)热风烘干机内完成。导带式烘干机因张力极低可最大限度保持涤纶针织绒类印花织物不变形。在烘干过程中需保持产品的绒面朝上,避免导带网格在织物绒面上留下痕迹。烘干温度为115~120℃,车速为15m/min。烘干温度过高,容易引起织物手感涩滞板结。在烘干温度相对稳定的前提下可通过调整车速来保持织物烘干程度。

(8)柔软整理。涤纶针织珊瑚绒类烂花印花产品的柔软整理通常在绳状水洗机中连续加工完成。这样不仅可提高生产效率,还可节省柔软剂。柔软整理的效果不仅取决于柔软剂的性质,还取决于柔软整理时间的长短和连续绳状水洗机的容布量。

单面珊瑚绒柔软整理处方:

珊瑚绒柔软剂	15g/L
抗静电剂	1g/L
蓬松剂RN-314	1g/L

(9)脱水开幅。脱水采用离心脱水机进行,脱水后的开幅通过自动开幅机完成。脱水时间

过长,产品表面存留的柔软剂含量下降迅速,会影响成品手感。脱水进布不可太满,装布需平整。脱完深色织物再脱浅色织物时一定要用清水冲洗脱水机内笼,避免沾色。当脱水机数量相对充分时,固定机台对浅色和深色分别脱水,有利于提高产品质量。

用自动开幅机扩幅时,阔幅弯辊与织物接触时应触及织物反面,以免过分刺激织物表面绒毛,引起绒毛倒伏,造成织物表面倒顺毛现象增加,影响织物表面光泽。加工双面绒类产品时可适当降低自动扩幅机牵引张力,降低扩幅弯辊旋转速度。

(10)成品定形与检验。成品定形可以稳定产品尺寸,控制产品厚度,满足客户对产品平方米重的基本要求。通常成品定形温度为180℃,车速为40m/min。定形门幅可根据客户要求和定形前产品实际门幅决定。定形时机尾落布要求与预定形要求相同。

训练任务1-3　涤纶织物染整工艺条件和处方设计

• **引导文**

南通某印染厂年加工各种规格的纯涤机织物产品5000万米以上,主要包括漂白、染色和印花织物。请根据已掌握的知识,编制纯涤机织物漂白产品加工的工艺条件和工艺配方说明。

• **基本要求**

1. 写出纯涤漂白产品的工艺流程;
2. 写出并说明纯涤漂白产品的工艺条件;
3. 写出并说明普通纯涤漂白产品的工艺处方;
4. 在训练报告中注明各个样品的所在工序;

任务1-4　合成纤维纺织物染整加工设备选型

学习任务1-4　合成纤维纺织物染整加工设备选型原则

• **知识点**

(1)了解合成纤维纺织物染整加工设备的选择原则;

(2)了解工艺流程与设备选择之间的基本联系。

• **技能点**

根据合成纤维纺织物染整加工流程选择工艺设备。

• **相关知识**

1. 染整设备选型的基本原则

染整设备选择的依据首先是确定生产方式和制定出的工艺流程。例如,生产方式为绳状加工,则设备就应安排绳状前处理设备;工艺流程中安排了树脂整理,则就应选用树脂整理设备。除此之外,在选择设备时还应注意以下方面。

(1)根据设备性能选择。染整设备的选择应注意标准化、通用化、系列化,既要先进,又要稳妥可靠。不仅要适应产品的技术要求,而且应有一定的灵活性,能在一定范围内适应不同产品加工的要求。

染整设备结构力求简单、耐用,便于维修操作,零件具有更换性,以减少备件的数量。国产74型设备基本能满足上述要求,而且设备来源有保证,因此应尽量选择国产74型设备。为了保证产品质量,也可以根据实际情况有重点地选择先进、成熟的进口设备。

(2)根据织物幅宽选择。目前,印染设备的工作幅宽有110cm、120cm、140cm、160cm、180cm、220cm和280cm等。常见织物的坯布幅宽有81.5cm、86.5cm、91.5cm、98cm、122cm、127cm、155 cm、160 cm、187cm等。

在选择设备时,应根据所生产的织物的幅宽来选择具有相应工作幅宽的设备。例如:加工幅宽为112cm的织物,可选择140系列设备,也可在160系列设备上加工,但在160系列上加工要浪费能源5%~10%,选择时应注意,另外,还要考虑加工过程中织物左右跑偏等因素,染整设备的工作幅宽一般应比织物幅宽大10~15cm。而烧毛机的工作幅宽又要比漂染印整系列设备的工作幅宽大20cm左右,这是因为,一方面烧毛机车速快,易跑偏,另一方面因为烧毛是染整加工的第一道工序,此时织物是干的,未缩水,布幅比较宽,因此烧毛机的工作幅宽要大些。例如,若加工织物的幅宽为145cm,则漂染印整设备可选用160系列,烧毛机可选用180系列。

(3)根据产品要求选择。如棉布漂白可选用氯漂、氧漂设备,涤/棉布宜选用氧漂设备。对于要求印制精细花纹的棉型织物,可选用滚筒印花设备。而大花回、多套色的装饰性用布,以及小批量、多品种的花布,宜选用平网印花设备。圆网印花兼有滚筒印花连续运转和平网印花套色多、色泽浓艳的特点,适应性较强,可用于各种织物的印花。根据目前市场产品需求多样化的要求,可适当增加些后整理设备的种类,如涂层整理机、轧光机、电光机、拷花机、磨毛机、植绒设备等,以便对产品进行深加工和精加工。

(4)设备型号的确定。选择设备最终都要落实到具体型号上。有时同一型式的设备可能需要多台,如需三台丝光机,是都选用布铗丝光机,还是其中也选直辊丝光机;若都选布铗丝光机,是都选用LMH201A布铗丝光机,还是其中也选用LMH201布铗丝光机;是都选用宽幅的,还是其中也选用窄幅的。从工艺角度讲,多选用几种型号,可以满足不同品种的要求,但型号过多则给设备的配置、维修等带来困难。在选择设备时,应综合考虑,正确处理好两者的矛盾。

2. 染整设备配置原则

染整设备的型号选定后,即可根据生产任务和设备的加工能力,进行设备的配置计算。设备配置恰当与否,对投产后的生产和基建投资都有很大影响。随着世界纺织品市场需求的多变以及染整生产技术的发展,染整设备正向着优质、高速、节能以及适应小批量加工、一机多用的方向发展。新建厂或老厂改造应尽量选配性能好、适应性强的先进、成熟的设备以满足生产要求。

(1)前处理设备根据生产品种和产量确定。前处理设备配置应根据各种类型染整厂的产品特点和生产要求有所不同,但前处理应均向高效率、短流程发展。以印染厂的前处理设备为例,大、中型工厂视加工品种和产量需要,可采用绳状和平幅两种练漂设备以及高速丝光机,小型工厂则以选用平幅练漂设备为宜。对于特厚、特薄、特宽的加工品种,宜分别配置合适的设备。以大卷装进、出布以及运输的方式也值得重视。又如丝绸印染厂的丝绸精练设备既要高效率,还应考虑本厂的生产规模、品种批量以及技术条件等来确定，是配置挂练设备还是连续式精练设备。

(2)染色设备要适应小批量、多品种的需要。染色设备为适应小批量、多品种的加工需要，大、中型印染厂虽以连续轧染机和热熔染色机为主，也应配以一定数量的卷染机、高温高压卷染机，以及其他型式的适宜小批量染色的间歇式或连续式染色设备。小型印染厂则以小批量生产的染色设备为宜。丝绸染色设备有多种，应按产品特点要求配置。针织物的染色设备也应按产品特点、纤维种类、加工要求等进行配置。

(3)印花设备要根据印花织物特点和批量进行选择。大、中型印染厂一般配置滚筒印花机和圆网印花机，或根据需要适当配置平网印花机，以适应花回尺寸大小、小批量和出口印花产品的要求。小型印染厂宜配置圆网印花机或平网印花机。丝绸印花或针织物印花也可采用平网印花机、圆网印花机。

(4)后整理设备必须能满足加工需要。为提高纺织产品的档次，赋予纺织品某些特殊功能，需加强印染产品的后整理。整理时应结合化学整理与机械整理加工需要，合理配置必要的整理设备。对少数有特殊整理需要的品种，虽然设备负荷率较低，也应予以配置，以满足要求。

3. 合成纤维纺织物工艺设备选择

(1)合成纤维纺织物加工工艺流程。

①锦纶长丝织物。

喷射溢流染色→退捻开幅

坯绸准备→(预定形)→精练→烘燥→卷染 → 烘燥→热定形或防水、热定形→

印花→蒸化→水洗

码布→成品检验→包装

②涤纶低弹织物。

喷射溢流染色→退捻开幅

坯绸准备→前处理→烘燥定形→卷染 → 松式烘燥→热定形→(轧纹)→码布→

成品检验→包装

③涤纶长丝织物。

喷射溢流染色→退捻开幅

坯绸准备→精练→烘燥→(预定形)→卷染 → 烘燥→热定形→(轧纹)→码布→

印花→蒸化→水洗

成品检验→包装

④涤纶仿真丝绸。

坯绸准备→打卷→精练→烘燥、定形→碱减量→水洗→染色→退捻、开幅(或印花→蒸化→水洗)→烘燥→热定形→码布→成品检验→包装

(2)涤纶针织物工艺设备的选择。针织服装穿着舒适、贴身合体，穿着后易于料理，因此具有广阔的市场前景。随着针织技术的发展，针织面料的品种和花色也越来越多，特别是以各种新型纤维为原料的针织面料发展较快，已进入高档化和功能化的发展阶段，给针织产品带来前所未有的感官效果和视觉效果，从而满足广大消费者的不同需求。针织面料的品种多，如单面、双面、毛圈、提花织物等，具有质地柔软、吸湿透气、弹性优良的特性，尤其是外衣化的针织产品，要求色泽多种多样，染色牢度较高，给染整加工增加了技术难度，也带来了挑战。以涤纶罗纹染色产品为例，根据产品的染整工艺流程，介绍加工设备选择的基本要求。纯涤纶罗纹染色产品的工艺流程如下：

坯布检验→翻面→染涤→(还原清洗)→脱水→烘干→剖幅→柔软、定形→检验→包装

针织物是由线圈套结而成，在外力作用下很容易变形，所以漂染加工尽量采用松式加工，主要是高温高压溢流染色机单机加工，即前处理和染色都是在同一台染色机内进行，一次进布，分段完成，达到既缩短工艺流程，又保证产品质量，降低能耗，减轻劳动强度的目的。选择的主要设备有：

①ALLEIT 高温高压溢流染色机。具有染色容量大、走布速度快、适合染色织物范围广、浴比小、结构紧凑、操作方便等优点。每管的最大容量达 250kg，织物运行的速度为 40～400m/min，适合织物的平方米重为 50～800g/m^2，浴比为 1∶(8～20)。最高工作温度：140℃，适用于涤纶、涤棉混纺、各类新合纤织物及各种长短纤交织物。

②ECO 型常温溢流染色机。本设备主要适用于各种高档次天然纤维及混纺的针织物和机织物在常温条件下煮练、漂白、染色、水洗等加工处理。最高温度为 98℃，织物平方米重范围为 80～700g/m^2，每管最大容量为 200kg，织物运行速度是 50～230m/min。

③NPL 常温溢流染色机。主要适用于天然纤维及混纺针织物在常温下进行的染色、水洗等工艺。张力小、容量大，机型可以分 1～4 管，每管的容量为 200kg，浴比为 1∶15。

④GN 高温高压溢流染色机。这是多功能染色机，在高温高压或常温常压下进行煮练、漂白、染色等加工，具有大容量、低浴比、占地面积小等特点。

⑤HS 离心脱水机。转筒直径 1800mm，转筒转速 500r/min，脱水率≥80%。其中三台离心脱水机全自动化，能承载 150～200kg 的织物。一台离心脱水机半自动化，能承载 50～100kg 的织物。

⑥ASM 型松式烘燥机。适用于各类针织物、丝绒、小毛圈等厚重织物的烘干，其手感柔软度和蓬松度高。织物进机内烘燥应采用缝制接头。循环风机运转时，严禁开启风机门板。保持设备烘燥效率，布速及温度根据布的种类不同而调节，一些厚重的织物要进行两遍烘干，以延长烘燥时间充分烘干。

⑦ME 圆筒织物剖幅机。织物运行速度 11～15m/min。按指定方向缝头，要求平直，齐牢，有利于后续生产。操作时要防止发生剖歪及坯布拖落地面等问题。

⑧YB135 型验布机。主要用于检验色花，严格按照标准检验定等。

⑨Monfongs 328 型针织物拉幅定形机。适用于各种要求的针织物的整理，特别是弹性针织物的整理，该机具有效率高、能耗低、张力小等特点，适用于平方米重为 50～600g/m^2 的针织物，

布速5～100m/min，烘房温度150～230℃。有自动温控仪，风压分布均匀。采用针板式扩幅夹，可超喂。定形后织物的门幅和缩水率可符合要求。

⑩DF翻布机。适用于筒径为450～1180mm针织物，采用气流式翻布，车速300～600m/min。

训练任务1－4 合成纤维纺织物染整加工设备选择

• 引导文

江苏东渡纺织集团下属的印染厂新近建设了化纤纺织物印染二车间，在不考虑产品产量的前提下，请根据先前训练任务所积累的知识和经验，选择必不可少的涤纶织物加工设备。

• 基本要求

1. 注明加工产品的种类（机织物或针织物）；
2. 在漂白、染色和印花产品中选择两种产品进行设备选型；
3. 列出各加工工序使用的主要工艺设备；
4. 简述上述各工艺设备的主要作用；
5. 尝试画出涤纶纺织物染色车间设备排列图；
6. 下次上课前上交本训练任务书。

训练项目1 合成纤维纺织物染整工艺设计与实施

• 目的

通过实施本项目，培养学生制定合成纤维纺织物染整工艺的基本技能。

• 方法

1. 指导教师提出合成纤维纺织物工艺方案设计基本要求；
2. 指导教师指导学生分组独立完成工艺实施过程；
3. 学生根据要求完成合成纤维纺织物染整工艺的设计与实施项目。

• 引导文

南通第一印染厂年产各种合成纤维纺织物，主要包括漂白织物、染色织物、印花织物的染整加工和纱线染色等。请根据先前学习任务、训练任务已掌握的知识和积累的经验，编制合成纤维纺织物染整工艺设计报告。

• 基本要求

1. 分组讨论并确认本项目设计方案；
2. 写出产品加工的工艺流程，列出主要的工艺设备；
3. 简述工艺流程中的主要工艺条件和工艺配方；
4. 在实训场所分组实施本项目，课外分组编写项目报告；
5. 粘贴各工序样品，注明质量检测项目和方法，粘贴检测小样。

• **可供选择的题目**

1. 涤纶机织物前处理和染色工艺制定与实施；
2. 腈纶针织物前处理和染色工艺制定与实施；
3. 涤纶/改性涤纶机织物染色工艺制定与实施；
4. 纯涤筒子纱染色工艺制定与实施；
5. 腈纶散纤维染色工艺制定与实施。

✽ 知识拓展

1. 涤纶机织拉毛产品加工与开发

(1)工艺流程。无梭织机的大量使用，有效地促进了坯布质量的迅速提高，进而提高了机织拉毛产品的成品质量。氨纶弹力纤维的大量使用，使得机织拉毛产品的染整加工变得越来越复杂。传统机织拉毛产品的加工流程经过细化后如下：

准备→前处理→染色→后处理→脱水→开幅→缝头→柔软→烘干→拉毛→定形→检验

在上述流程中，普通涤纶机织物的前处理目的就是去除坯布上的浆料、油剂和其他杂质，以保证后续加工的质量达到要求。涤纶强捻机织物和弹力机织物的前处理远比以上流程要复杂得多。强捻机织物和弹力机织物前处理分别如下：

预缩→预定形→碱减量→水洗→(染色)

平幅精练→预缩→预定形→(染色)

下面按照工序顺序讨论机织拉毛产品的染整加工工艺。

(2)工序说明。

①坯布准备与平幅精练。称准重量，接头平齐、牢固，绣字清晰，是坯布准备工序的基本要求。卷装坯布退卷时严禁沾污。

为保证弹力织物经纬向在低温湿状态下均匀收缩，需要平幅精练。平幅精练机由多个平洗水槽组成，辅以进出布装置、扩幅装置、加热装置和调速装置等。第一槽的温度为室温，最后一槽的温度为80℃。进布装置上的扩幅部分表面必须光滑。

②预缩与预定形。强捻织物或弹力织物在高温湿状态下解捻、进一步收缩，以消除织物内部的应力，使成品表面更加平整的加工工序就是预缩。预缩的温度一般低于染色温度。预缩时染缸内要干净，避免坯布沾污。喷嘴压力和喷嘴口径应适中。速度过快或口径过大，易造成坯布泄边。加入适量的净洗剂或液碱可以去除织物上的杂质。

高温干热状态下，提高强捻织物的表面硬度，有利于碱减量；使弹力织物在染色前进一步保持和固定平幅精练及预缩的成果，便于成品织物表面平整和体现弹性。平幅精练和预缩以后，织物的自然门幅必须小于成品定形门幅5cm以上。门幅过宽说明平幅精练和预缩效果不好。预定形温度可适当高于成品定形温度，预定形门幅可略低于成品定形门幅，预定形张力和车速以布面平整为宜。

纬向弹力织物和经纬双向弹力织物必须经过平幅精练、预缩和预定形工序。经向弹力织物的加工可适当简化工艺流程。有的经向弹力织物前道加工可以考虑直接预定形。直接预定形可以不轧水,但必须注意布面纬斜不能超过2%。通过光电整纬器可以满足上述要求。

③碱减量与水洗。强捻织物预定形以后的碱减量可以在减量机中完成,也可在减量缸中完成。涤纶机织拉毛产品一般属厚重织物,不适于连续减量机减量。减量机间歇式绳状减量便于控制织物手感和强力损伤。碱减量时适当加入减量促进剂,可以提高减量的速度。超过100℃以上的减量缸减量对于新产品加工具有较差的稳定性。仿麂皮绒类的海岛丝产品的"开纤"虽也属于涤纶机织物的碱减量,但麂皮绒产品的起绒更多的是在湿式的磨毛机上进行,而极少在拉毛机上完成。

碱减量后的水洗是保证产品染色质量的基础。水洗不净,布面就会带有大量的涤纶粉末和低聚物,还可能导致织物表面的酸碱度偏高。这都会影响分散染料的正常染色,造成色花。

④染色与后处理。涤纶拉毛机织物的染色与普通机织物染色相同。避免堵缸是减少染色次品的关键。FDY类长丝产品染色结束后缸内打入冷水时的温度要比其他产品低10℃,以免织物表面出现"细花"。

弹力织物的后处理可以考虑用高效净洗剂来去除涤纶和氨纶表面的浮色。在保险粉的作用下,纯碱对氨纶弹力纤维的损伤比较明显。不论是浅色、中色还是深色,氨纶沾色以后,织物总体上的色光偏红。用高效净洗剂替代传统的后处理配方,可以较好地解决氨纶的沾色问题。

⑤脱水、开幅与缝头。FDY类长丝产品脱水时,可适当降低脱水机内的容布量,并适当减少脱水的设定时间。脱水后无论是手工开幅,还是自动开幅,必须把织物展平。撕开每匹布的头子,不仅可以提高手工开幅的效率,还可以检验织物的正反面,为后道缝头工序做准备。自动开幅后撕开每匹布头的目的也是如此。用普通平缝机缝头效果最好。再次检验织物的拉毛面与非拉毛面,是缝头工序的主要职责。提高缝头时针脚的密度,是保证缝头牢度的基础。当然缝纫线的质量也很重要。

⑥柔软。由于目的不同,柔软工序出现前移现象。涤纶机织物柔软整理一般在定形之前,拉毛涤纶针织物的柔软前移到拉毛工序之前,脱水工序之后。拉毛之前浸轧柔软剂,可以降低纤维与拉毛钢针之间的摩擦力,避免出现长毛绒,进一步保护钢针的刚性,延缓钢针的磨损。使用的柔软剂可根据拉毛织物的性质决定。拉毛面为涤纶时,可选择有机硅类柔软剂。无论是滑爽型的、蓬松型的,还是亲水型的,都可以满足拉毛要求。涤棉或涤黏混纺纤维作为拉毛的正面时,可以选择复合型柔软剂,即在有机硅类柔软剂中添加脂肪醇类的柔软剂,以适合纤维素纤维的拉毛。若复配的柔软剂乳液存放时间过长,可能会出现漂油或破乳现象。选择乳化效果明显的乳化剂,在使用前复配柔软剂,可以避免柔软剂的漂油或破乳。柔软剂的加入量以烘干后织物表面不扒丝为宜。柔软剂加入过多,拉毛时绒面过短。若柔软剂加入过少,很可能会出现长毛绒。柔软剂的加入量与柔软剂本身有效成分的含量也有关。有的工厂把拉毛之前的柔软安排在染色结束以后在染缸内于室温下进行。通过织物在染缸内绳状运行时浸渍柔软剂,达到柔软的目的。这种柔软方式安排在脱水之前,柔软剂用量偏高。如果柔软时染缸内温度失控,可能造成柔软剂的破乳而大量污染染缸内壁。同时,染色后在染缸内柔软,降低了染缸的工作效率。

⑦烘干与拉毛。烘干在拉幅定形机上进行,可以在烘干前浸轧柔软剂,以提高加工效率。

烘干的温度低于成品定形温度,烘干的门幅比成品定形门幅宽出2cm,有利于拉毛。烘干车速不仅取决于烘房的长度,还取决于烘干的效果。必须保证织物烘干,但烘干温度偏高,织物手感偏硬,都不利于拉毛。

以德国产的NP788拉毛机为例说明拉毛过程。该设备由行星轮系构成,有28个起毛辊,14个正转起毛,14个反转刷毛。轮系转速较快,与织物产生相对运动,使织物起毛。主要动力系统为电机带动益力耦合器。内含机油,可以缓解紧急刹车的冲力。针辊为铝合金材质,外敷起绒针布。针布由基材和弯钩钢针构成。控制板上有手轮轮柄,用来调节不同系统(起毛辊、刷毛辊和行星轮系)的转速。针布使用一段时间以后,起毛针布和刷毛针布可以更换。针布钝了以后,可以通过自制的磨针机对钢针进行打磨。通过材质较软的砂轮对钩针进行磨制,可以明显提高钢针的锋利程度,还可在磨针机上采用针辊对磨方式减小打磨后钢针上的毛刺。起绒过程中织物表面会产生大量静电,操作时必须打开静电消除器。注意拉毛织物接头的牢固性。接头不牢,容易断头。断头以后,织物被针辊撕碎,缠绕在起绒机上,对设备损伤很大。虽然可以采取紧急刹车,但急刹车对设备的损伤不亚于拉毛织物接头断开后对拉毛机的伤害。

⑧成品定形与检验包装。拉毛机织物成品定形与非拉毛机织物成品定形大同小异。门幅、平方米重、手感、织物表面的平整程度、绒面效果和车速是主要的考量指标。既可以通过成品定形前浸轧柔软剂来进一步改善织物的手感,也可以根据客户需求在定形前浸轧其他整理剂赋予织物更多的附加性能。打包过紧,容易造成拉毛产品的绒面倒伏。

(3)机织拉毛产品开发。表1－13中给出了不同类型涤纶机织拉毛产品的基本参数。

表1－13　涤纶机织拉毛产品主要参数

产品序号	1	2
经纱(dtex)	(110+150) POY	220(DTY)+44(氨)
纬纱(dtex)	(110+150) POY	165(DTY)+44(氨)
组织	双层	平纹
上机密度(根/10cm)	150×136	240×200
上机门幅(cm)	182	210
下机门幅(cm)	174	189
成品门幅(cm)	147	147
成品密度(根/10cm)	176×160	340×290
成品平方米克重(g/m^2)	333	381
织物特点	回弹性好	厚重
绒面风格	短、密、匀	较稀疏

涤纶和改性涤纶双弹产品目前已成为机织拉毛产品的新宠。无论是经弹产品,纬弹产品,还是双弹产品,拉毛以后产品的弹性损伤较大,其中纬弹产品的弹力损伤明显,经弹产品弹力恢复明显。非弹力织物经拉毛以后成品手感改善最明显。嵌条产品拉毛后条子变淡。

机织拉毛涤纶面料的起毛起球是不容回避的问题。涤纶短纤产品拉毛以后绒面短密匀,抗起毛起球效果明显。而涤纶长丝产品,虽然通过抗静电整理或剪毛机剪毛,可以适当改善面料的起毛起球,但仍不能从根本上解决问题。增加剪毛工序降低了生产效率,耐久性抗静电整理剂会影响织物的手感。如客户对成品的抗起毛起球没有特殊要求,可适当降低长丝类涤纶机织拉毛产品抗起毛起球方面的要求。

2. 涤纶超细纤维仿鹿皮绒染整工艺设计

(1)产品风格及特点。涤纶超细纤维仿鹿皮绒外观细腻,光泽柔和,手感柔软,悬垂性好,有天然纤维所不及的细密绒毛感或桃皮绒效果,是服装面料以及沙发面料的理想材料。

(2)工艺流程。

原布准备→前处理(退浆、精练、开纤和松弛)→碱减量→理布、烘干→上起毛油→预定形→起毛→磨绒→ 染色→理布、烘干→浸轧防水剂、热定形→刷毛→成品检验→成品包装

(3)工艺内容。涤纶超细纤维仿鹿皮绒的工艺设计内容包括产品加工的工艺流程、工艺处方、工艺条件及具体的工艺操作等。

①原布准备。

A. 原布检验:对坯布进行抽样检查,发现问题及时采取措施,以保证成品质量和避免不必要的损失。检验内容包括原布的规格和品质两个方面。规格检验包括原布的长度、幅宽、重量、经纬纱线密度和密度、强力等指标。品质检验主要是指纺织过程中所形成的疵病,如缺经、断纬、跳纱、油污、筘路等。一般抽检10%左右,可根据原布的质量情况适当增减检验率。

B. 配缸:根据加工品种的批量进行配缸,配缸时将按计划要求数量的坯布倒卷于推布车中,在倒卷的同时,操作人员还需注意布面的情况,发现布面的疵点或其他影响后续加工的疵病,应及时进行处理从而减少损失。

C. 缝头:用缝纫机将相同加工工艺的坯布缝接在一起,以便后道工序操作,缝头时注意正反面,要做到平、直、齐、牢,同时还要观察布面质量,起坯布检验作用。

②前处理。

A. 退浆与精练:前处理的作用是去除坯布织造过程中施加在经纱上的浆料,同时去除纤维纺丝时加入的油剂及运输和贮存过程中沾污的油渍等,起到精练的作用。前处理用剂主要是烧碱和高效精练剂,有时需要加入渗透剂等。

B. 开纤和松弛:前处理的作用除退浆、精练外,还有开纤和松弛的作用。一方面是将涤纶复合纤维于热碱液中使之分开,达到开纤的目的。同时织物在高温湿热和松弛的状态下,由于复合纤维中两种纤维的收缩率不同,低收缩性的纤维缠绕在高收缩性纤维周围,在纤维间形成一个卷曲空间,从而使织物获得良好的蓬松感。

C. 工艺处方和工艺条件:

烧碱	2.5g/L
高效精练剂	1g/L
促进剂	0.5g/L
螯合剂	0.5g/L
车速	30m/min

温度	90～92℃
pH 值	11.5±0.3

③碱减量。利用碱对涤纶大分子酯键的水解作用,由于涤纶内部结构紧密,因而碱对纤维的这种水解作用只能从纤维表面开始,然后逐渐向纤维内部渗透,使纤维直径减小,纤维表面出现坑穴和沟槽,在织物中产生空隙,提高吸湿性能。同时织物自身的重量减少,结构蓬松,使织物具有柔软的手感,柔和的光泽和较好的悬垂性。

工艺处方和工艺条件:

烧碱	20～25g/L
促进剂	0.5g/L
螯合剂	0.5g/L
温度	100℃
时间	30min
循环秒数	115s/r
减量率	14%左右

工艺曲线:

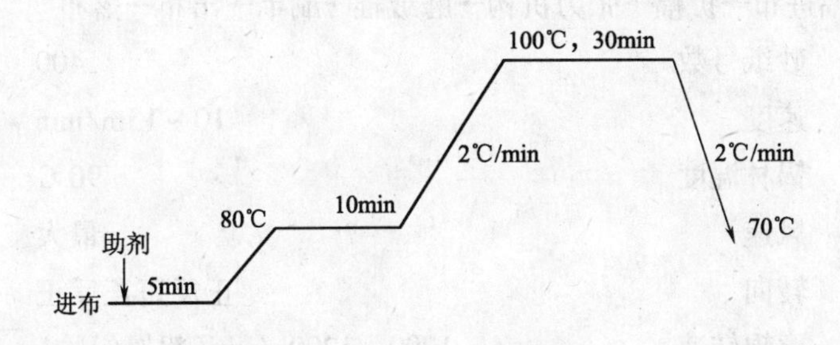

坯布进缸时不要堆积,运转畅通,注意喷嘴是否有钩刺。

④理布与烘干。

理布:将绳状织物理成平幅状态,利于后续加工。颜色由浅到深,并及时清洗机器。

烘干:用烘干机将织物烘干,车速 20m / min,烘筒温度 90℃左右。注意机器是否干净,防止沾染和布面擦伤,要控制好车速和温度,观察布面品质。

要及时清除缠结在罗拉上的缠纱,保持烘筒等表面干净无污垢,按设计程序规范操作,检查实际温度表的偏差。

⑤上起毛油。为了减小纤维间的摩擦力,有利于起毛和磨绒,需要对织物进行润滑和柔软处理,润滑剂和柔软剂的用量要适度,过少或过多都会影响起毛和磨绒效果。

润滑和柔软处理工艺:浸轧工作液(起毛油 25g/L,柔软剂 5g/L,室温,二浸二轧,轧液率 60%)→烘干(车速 15 m / min,烘筒温度 90℃左右)。

⑥预定形。预定形的主要目的是消除织物在松弛前处理等过程中产生的折皱和形成的一些月牙边,使布面平整,并控制织物的门幅,保证起毛和磨绒的均匀性。预定形的工序有先精练

后定形和先定形后精练两种,先定形后精练织物可在较高的温度下精练,可防止织物在精练过程中产生变形和永久性皱印,但织物上的合成浆料经定形高温处理后会降低在水中的溶解度。因此目前生产中普遍采用先精练后定形的方式,但精练的温度不宜过高。

工艺条件:

温度	185~200℃
车速	40m/min
风速	最大

工艺操作时要根据织物品种的不同,控制好车速和温度,缝头要直,防止纬斜,注意机器是否干净和观察布面质量。

⑦起毛。通过起毛机的针布将织物表面的纤维拉出来形成绒毛,起毛次数6次。起毛时要注意控制好毛度,观察布面品质。

⑧磨绒。磨绒整理可增进织物的手感,提高产品的附加价值。磨绒与拉毛不同,有仿麂皮、仿桃皮、仿羚羊皮等轻度的起毛整理。它是通过高速运转的磨绒砂皮辊与织物紧密接触,借金刚砂皮上凸出锋利的磨粒和夹角,将弯曲纤维拉出并割断成小于1mm的单纤,再磨削成绒毛,并掩盖织物表面织纹形成细腻平整密集的绒毛,达到桃皮、麂皮或羚羊皮的效果。

磨绒工艺:平幅进布→扩幅→张力机构→磨绒辊→刷毛→出布→落布

砂纸号数	400
速度	10~15m/min
锡林温度	90℃
风速	最大
转向	正反正正反正
磨辊转速	1000~1200r/min(粗厚织物)
	800~900r/min(轻薄织物)
间隙	2mm
张力	$4\times10^5\sim5\times10^5$ Pa
磨绒次数	奇数

注意问题:磨绒分干磨与湿磨两种方法。在干磨时砂皮辊须经常更换砂皮,要新旧交替使用,以保证前后工艺的一致性。磨绒时进布张力不能大,织物要处在机器中间位置,布面要平整以及张力稳定为好,张力大会影响磨绒辊间的张力稳定性。在湿磨时不需要经常更换砂皮,但要注意砂皮辊的保养。观察布面品质,控制好车速、温度和间隙。涤纶织物磨绒整理要求半制品退浆净,精练透,减量率一致,布面平整,无色差,手感柔软,避免定形使织物结构紧密硬化而起绒难。

⑨染色。高温高压法是涤纶超细织物的主要染色方法。该方法得色鲜艳、匀透、可染得浓色,织物手感柔软,适用的染料品种比较广,染料利用率较高。染色设备可选用高温高压卷染机、溢流染色机或喷射染色机等。染色时要注意染缸是否干净,喷嘴是否光滑,要正确制定工艺曲线和按操作规程执行。

工艺流程：进布→热洗→染色→还原清洗→出缸

工艺处方及工艺条件：

染料：	分散黄 6G	1.48%（owf）
	分散红 3GS	0.36%（owf）
	分散蓝 3R	3.36%（owf）
助剂：	冰醋酸	0.5g/L
	硫酸铵	0.5g/L
	高温匀染剂	0.8g/L
	温度	130℃
	循环秒数	75s/r
后处理：	还原清洗剂	2g/L
	纯碱	2g/L
	温度	80℃
	时间	20min

染色工艺曲线：

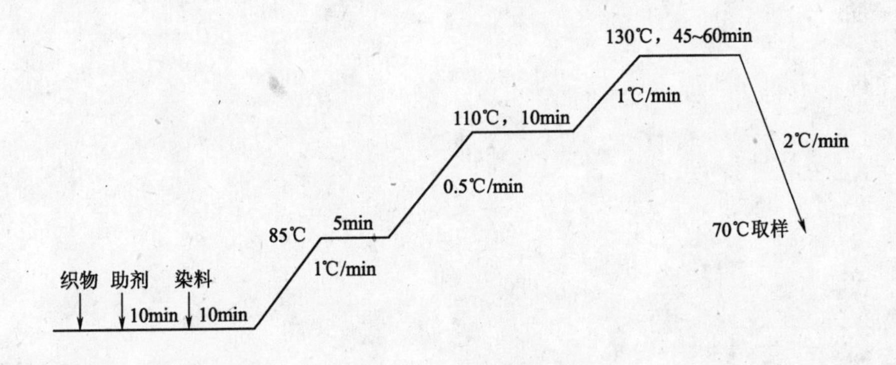

⑩浸轧防水剂。涤纶织物通过热定形可达到去皱、防皱，提高织物的热稳定性和弹性的目的。热定形的设备是针板热风定形机。为使服装面料具有防水、防油、防尘的功能，在热定形前通过浸轧三防整理剂，高温定形时三防整理剂可以与织物充分结合，从而达到所需的效果。

工艺条件：

三防整理剂	40g/L
增效剂	3～5g/L
柠檬酸	2～3g/L
抗静电剂	5g/L
车速	30m/min 左右
温度	140℃

⑪刷绒。通过刷绒机使织物绒毛梳理整齐，顺着同一方向，从而改善布面质量。刷绒时要控制好车速和进布时绒毛的方向，观察布面品质。

⑫成检与包装。织物经染整加工后应对产品的内在质量与外观质量进行检验,然后根据检验结果对产品定级分等。

定形后的织物一般可对折卷板或直接打卷,打卷成包后应标明产品相关信息,如:生产日期、商品名称、规格、货号、数量等。

思考题

1. 解释下列涤纶纬弹织物经纬原料规格的具体含义:

P165dtex ×(P165dtex + Sp44dtex)

2. 复述合成纤维纤度和线密度的基本含义。
3. 如何根据产品加工流程选择加工设备?
4. 制定工艺条件和工艺处方时应注意哪些问题?
5. 如何正确制定合成纤维纺织物染整工艺流程?

情境2　纤维素纤维纺织物染整工艺设计

✻ 学习目标

1. 了解纤维素纤维纺织物的分类方法，能描述常见面料的规格；
2. 了解纤维素纤维纺织物染整工艺设计的基本要求；
3. 学会制定棉织物染整加工工艺。

✻ 案例导入

南通圣宝洁染整有限公司以棉织物染整加工为主，宽幅棉织物产品质量稳定，在客户中有良好声誉。某日，染整工艺员接到客户样品后，需要确定样品原料属性，描述产品基本规格，并根据产品基本特点设计加工流程、工艺条件和工艺配方，选择工艺设备。

任务2－1　纤维素纤维纺织物的特征及规格

学习任务2－1　纤维素纤维纺织物的特征描述

• 知识点

(1)了解纤维素纤维产品的基本特点；

(2)能准确描述纱线、织物的基本规格。

• 技能点

(1)通过简易方法可鉴别常见的纤维素纤维及其织物的类别；

(2)会分析常见纤维素纤维纺织物的基本规格。

• 相关知识

1. 纤维素纤维的分类及鉴别方法

棉纱、麻纱、黏胶纤维纱、莫代尔(富强纤维)、Lyocell(木浆纤维)，其分子都是由纤维素纤维构成的，所以这一类纤维也叫做纤维素纤维，其制品也被称作纤维素纤维织物。其中黏胶纤维、铜氨纤维、莫代尔纤维和 Lyocell 纤维，属于再生纤维素纤维。

通常棉纤维的长度低于50mm，羊毛纤维的长度接近80mm。人们把接近棉纱长度的其他短纤维(如涤纶短纤)称作棉型纤维，把长度接近羊毛纤维长度的其他纤维也称作毛型纤维，把介于棉型和毛型纤维长度之间的纤维称作中长纤维。

如前所述，燃烧法是鉴别纺织纤维最简单的方法之一。棉纤维燃烧时接触火焰即燃，离开后可继续燃烧，产生黄色火焰及蓝烟，烧焦部分为黑褐色。燃烧过程中有烧纸的味道，燃烧灰烬较少，灰末细软，呈浅灰色。麻纤维的燃烧状态与棉纤维极其相似。由于麻纤维属束纤维，刚性强于棉纤维，所以从外观上即可判定其基本属性。而黏胶纤维近火即燃，燃烧迅速，偶尔会有闪燃现象。燃烧时产生黄色火焰，烧纸的气味中伴有臭味。灰烬少，呈浅灰色或灰白色。

2. 纤维素纤维规格描述

英国人最早对棉纱的规格做出了规定：1 磅重的纱线，若其长度为 840 码，则该纱线的粗细程度就为 1 英支。若 1 磅重的纱线长度为 840 码的 2 倍，则该纱线的粗细程度则为 2 英支。显然，纱支数越大，纱线越细。众所周知，1 磅的重量约为 453.6g，1 码的长度为 0.9144m，因此，840 码的长度约等于 768.1m。所以，粗细程度为 1 英支的棉纱，其单位长度的重量为：

$$453.6\text{g} \div 768.1\text{m} = 0.5905\text{g/m}$$

由于重量为 1g、长度为 1000m 的纱线，其粗细程度为 1tex，所以 1tex 纱线的单位长度重量 0.001g/m。由此可知，1 英支纱线与 590.5tex 的纱线粗细程度相等。由此可推算出，10 英支纱线为 59tex 或 590dtex。那么，32 英支纱线的特克斯数（在不考虑公定回潮率的情况下）则为：

$$590.5 \div 32 = 18.45\text{tex}$$

按原料粗细程度，在实际应用中常把纤维分成低特、中特和高特三种。表示纤维线密度的高、中、低三种分类方法没有绝对划分标准。通常人们把 20～30tex 之间的纤维叫中特纤维，低于 20tex 的叫低特纤维，高于 30tex 的叫高特纤维。

3. 纤维素纤维织物的分类

纤维素纤维制品的分类方法与合成纤维制品的分类方法相同，从大类上分主要包括面料、纱线和纤维。在众多的纺织品加工过程中，面料加工占有十分突出的比例，因此，以面料为例对纤维素纤维分类，更具有代表性。常见的棉制品中主要包括以下几类：

（1）平纹细布。此类织物纹路细腻，质地轻柔，表面光洁，手感滑爽，是夏季服装面料的首选。产品以浅色居多，颜色鲜艳，日晒牢度要求较高，是产品的特点之一。纯棉府绸漂白产品是轻薄织物的大宗产品，可用来加工各类服装产品，也可用来加工印花产品。产品可选用多种设备完成染色加工，小批量、多品种的细平布染色多以平幅卷染为主。

（2）斜纹咔叽。除了轻薄织物以外，质地厚重的斜纹咔叽布则是秋冬面料的首选。此类产品颜色丰富，色光纯正，通常用来加工外套和裤子。深色较多且染色牢度要求较高、悬垂性明显，则是此类产品的特点之一。产品以平幅连续轧染加工居多，因此对成品的经向缩水率要求较高。通常采用橡胶毯预缩加工满足客户对缩水率的要求。

（3）纱线。纱线类产品主要包括纯棉纱、纯黏纤纱和混纺纱。棉纱加工的工艺流程、工艺条件和工艺处方与棉织物类似，但加工设备区别较大。筒子纱、绞纱的染色加工设备也有较大区别。

4. 纤维素纤维面料规格描述

棉织物、黏胶纤维织物、强捻人造丝织物等纤维素纤维面料，其表述方法相同。以棉织物为例，最常见的平纹产品规格表示方法如下：

[(C32 英支×C32 英支)/110×76]×60″/62″

C32 英支×C32 英支表示经纬纱都是 32 英支棉纱。110×76 表示每英寸中经纬纱线的密度,60″/62″则表示该产品坯布的内外门幅。

若用国际单位,表示如下:C18.45tex×C18.45tex

经密:433 根/10cm

纬密:300 根/10cm

内幅:157.5cm

外幅:163.1cm

训练任务 2-1　棉织物规格测量

•**目的**

通过训练,了解棉织物基本规格的测量方法。

•**过程记录**

1. 纱线的燃烧状态描述________;
2. 纱线的属性判断____;
3. 纱线试样的长度分别为______、______、______、______、______;
4. 纱线试样的总长度______;
5. 纱线试样的总重量______;
6. 纱线英支数______;
7. 纱线特(克斯)数____,纱线分特数______;
8. 试样中每 10cm 的经纱根数____,每 10cm 纬纱根数______;
9. 试样坯布的风格描述________。

任务 2-2　棉织物染整工艺流程设计

学习任务 2-2　棉织物染整工艺流程设计

•**知识点**

了解棉织物工艺流程设计的基本要求。

•**技能点**

通过训练,提高学生对棉织物染整工艺流程的设计能力。

•**相关知识**

1. 纯棉仿桃皮绒织物染整工艺流程设计

通过精心设计染整加工工艺,纯棉机织物表面也可产生仿桃皮绒风格。目前也有人把仿桃皮绒风格的纯棉机织物加工称为棉织物的“仿天丝”加工。具有仿桃皮绒风格的纯棉机织物可用作服装面料和家纺面料,主要用来加工床单、被罩、枕套和休闲衣裤、外套、夹克、衬衣等产品。

丰满、滑爽、细腻、柔软和温暖是该类产品的主要特点。

纯棉织物加工中不会产生明显的原纤化，所以，通过磨毛起绒，再用纤维素酶去除织物表面的长毛绒，合理控制加工条件，就可完成仿桃皮绒风格的纯棉机织物加工。目前，纯棉机织仿桃皮绒风格织物的工艺流程为：备布→烧毛→练漂→拉幅烘干→磨毛→抛光→染色→定形→抛松→检验包装。在上述流程中，除磨毛、抛光和抛松工序外，其余工序与纯棉机织物加工工序基本相同。

(1)前处理加工。用气体烧毛机采用两正两反的烧毛方式，保持刷毛装置的有效性，都可提高烧毛效率。烧毛灭火时浸轧淡碱有利于提高退煮漂效率。漂白以氧漂为主，其工艺条件柔和，织物强力损伤较小。增白织物可通过复漂或成品定形时浸轧增白剂来提高白度。为保证织物表面光洁度和颜色准确性，纯棉仿天丝机织物染色时仍以间歇式加工方式为主。这样既可改善织物手感、保持绒面风格，还可提高织物尺寸稳定性，省去橡胶毯预缩加工。目前，中厚型纯棉仿天丝机织物加工也有厂家采用长车轧染的加工方式，产品主要用来制作夹克、外套和床上用品。此类织物经橡胶毯预缩后还可通过气流式柔软设备的抛松整理和轻微轧光来改善织物手感和光泽。

(2)磨毛加工。纯棉机织物磨毛加工，就是用磨毛辊包覆砂纸摩擦织物表面并使之产生绒毛的过程。砂纸上涂敷了排列着密集锋利的磨料。这些磨料有金属磨粒和金刚砂粒。磨毛时，高速旋转的磨毛辊与织物紧密接触，通过磨料对纤维的磨削将纤维从纱线中拉出，并切成1~2mm长的单纤，依靠磨料进一步磨削，使单纤形成绒毛。随着磨毛的深入，织物上的绒毛长度趋于一致，形成均匀、密实、平整的绒面。纯棉织物磨毛后光泽柔和，轻盈柔软，悬垂性能大为改善。

①磨毛设备。磨毛设备较多，主要有干法磨毛设备和湿法磨毛设备。用湿磨毛机进行纯棉机织磨毛产品加工目前较少，主要原因是磨毛后的烘干容易造成绒面倒伏，同时湿状态下直接烘干严重影响织物的尺寸稳定性，不利于产品后续加工。干法磨毛设备主要有两类，一种为卧式，另一种为行星轮系。国产磨毛机以卧式为主，引进的磨毛设备以行星轮系为主。无论哪种干法磨毛设备，主要通过砂纸包覆磨毛辊完成磨毛加工。

卧式磨毛设备的磨毛辊均为圆形，而行星轮系磨毛设备的磨毛辊除了圆形以外还有六棱形或八棱形。圆形磨毛辊的辊芯多为金属材质，表面直接包覆磨毛砂纸。而行星轮系磨毛辊的辊芯也为金属材质，但直径较细，截面为六棱形或八棱形。外表背衬木材使磨辊表面亦呈六棱形或八棱形，背衬木材通过螺丝被紧密的固定在辊芯上。磨辊与磨毛面接触后即可开始磨毛加工。当接触压力(磨毛张力)一定时，圆形磨辊对磨毛表面造成的冲击最小，六棱形磨辊对磨毛面产生的冲击最大，八棱形磨辊对磨毛面产生的冲击在两者之间。磨辊对磨毛面产生的冲击越大，磨毛效率越高。

②磨毛工艺。三氧化二铝和碳化硅类颗粒因价格较低而成为常用的硬度较低的砂纸表面磨粒，而人造金刚石颗粒硬度较高，但价格也较高。磨粒大小通常用粒度表示，即每平方英寸上所具有的孔数。孔数越多，磨粒粒度越小。而单位面积上的孔数通常又被称为目数。砂纸的目数越大，磨粒实际尺寸越小，砂纸的磨毛颗粒面越细腻。砂纸目数越大，绒毛就越细密、均匀，织

物强力下降就越小。可根据客户来样和织物规格来选择砂纸目数，轻薄织物起短绒宜用高目砂纸，重厚织物起长绒宜用低目砂纸。

磨毛时张力越大，织物与磨毛辊接触越紧，砂粒嵌入织物越深，有效砂粒数越多，磨毛效果就越好。但张力越大，纱线损伤程度也越大，还易产生皱条。因此合理控制磨毛张力十分重要。通常薄型织物磨毛时张力较小。磨毛时，磨毛辊转速远大于织物运行速度，速度差越大，越易产生短、密、匀的绒毛，且绒面丰满。但速度差越大，强力下降也越明显。所以中厚织物磨毛时，磨毛辊转速较快，轻薄织物磨毛时转速稍慢。同时，织物与磨毛辊包覆角越大，接触面越大，磨毛效果也越好。新砂纸刚使用时包覆角应适当调小。砂纸使用时间越长，包覆角也应随之调整，直至更换砂纸。磨毛辊数量越多，磨毛效率越高，织物越柔软，绒面越细微。通常磨毛次数为单数时不易引起倒顺毛和纬向条干不匀。

磨毛辊旋转方向与织物运行方向一致时，磨毛效率较低，但绒面柔和；运行方向相反时磨毛效果较好，但织物强力下降明显，操作难度加大，且易生折痕。为提高砂纸利用率，在设备维护时可统一调整磨毛辊的旋转方向。为提高绒面效果，应尽量避免织物在磨毛时发生剧烈跳动。同时，织物在结束磨毛前应尽量通过刷毛去除残留在绒面内部已断裂的绒毛。残留断毛越多，对后续加工影响越大。

(3)抛光加工。通过纤维素酶进一步提高纯棉磨毛织物绒面均匀程度，并改善织物手感的加工过程，通常被称为纤维素纤维织物的“抛光”加工。纤维素酶对纤维素纤维具有明显的专一降解作用。纯棉磨毛织物表面有大量绒毛，与织物本身相比，绒毛具有更大的比表面积，所以磨毛棉织物的表面绒毛在抛光加工液中与纤维素酶接触的机会远大于绒毛之下的织物本身。因此，比较突出的、较长的绒毛首先被纤维素酶降解而离开，导致整个绒面更加均匀。绒面以下的纱线在纤维素酶作用下也会发生一定程度的降解，使得纱线变细，纱线间空隙相对增加，纱线移动距离也相应增加，因此织物手感更加柔软。

①助剂。抛光加工所用的生物酶制剂种类较多，其中纤维素酶效果最明显。除纤维素酶外，抛光加工时需要弱酸性介质。通常用醋酸调节加工液 pH 值至酸性。为避免残留纤维素酶在后续加工中继续降解棉纤维，需要在抛光结束前杀灭纤维素酶。通常采用升温灭酶或碱剂灭酶两种方法。用纯碱将加工液的 pH 值调至碱性即可达到灭酶目的。

②加工设备。间歇式绳状溢流染色设备是纯棉仿天丝产品进行抛光加工的主要设备。溢流染色设备的喷头口径越小，绳状棉织物抛光加工时运行越不顺畅。通常 J 型缸比 O 型缸更适合纤维素磨毛制品的生物酶抛光加工。与仿天丝织物的抛光加工相比，气流式染缸更适合纤维素纤维磨毛织物的抛光加工。法国 ICBT 公司生产的 M2 型气流柔软设备，也非常适合纤维素纤维磨毛织物的生物酶抛光加工。抛光时应保持加工设备内部清洁。固定抛光加工设备，避免重金属离子残留，是保持加工设备内部清洁的基础。每次抛光加工结束后，及时清理化料筒与染缸之间连接部位的过滤网，清除过滤网上残留的绒毛，不仅能提高加工效率，还可以明显地降低纤维素酶用量。

③加工工艺。通常磨毛棉织物抛光加工的温度为55℃，pH 值为 5.5，保温时间为55min，纤维素酶的用量为1.5%(owf)，浴比为1∶15。加工时温度对抛光效果影响最大，其次为加工液的

pH 值。加工温度超过 80℃以后,或加工液的 pH 值大于 9,都会引起纤维素酶的大量死亡,从而明显降低抛光效率和效果。抛光加工时若织物平方米重的降低超过 5%,织物强力下降就非常明显。所以确定纤维素酶的加入量必须慎之又慎。新产品加工时,可采取分批加入纤维素酶或者减少初次加入量,以避免织物强力下降过多。

抛光后通常需水洗,水洗后染色。无论染色方式是绳状还是平幅,为保持抛光加工设备的清洁性,可采取换缸染色的加工方法。而在常温下水洗时若通过纯碱提高水洗液 pH 值,不仅可节约蒸汽用量,降低用水量,还可缩短水洗时间。此后若采用还原染料或活性染料染色,那么抛光后的水洗时不必过分强调织物表面纯碱的残留量。只要加强染后水洗,就能充分保证织物表面纯碱残留量达到国标要求。

棉织物磨毛后强力下降较明显,抛光后强力还会下降。当纤维素酶加入量过大,保温时间过长时,如果织物强力检验不及时,则可能造成织物强力明显损伤。检验织物强力时,还应检验织物表面绒毛状态。具体的操作方法为:在匹间接头处剪下大小适中的坯布,烘干后观察坯布表面绒毛状态。用力揉搓试样后再次观察绒毛状态,若揉搓后试样绒毛数量明显增加、绒毛长度明显变长,则说明抛光加工不充分。若揉搓后织物表面绒毛较少,则说明抛光加工充分。用双手拇指和食指钳状压紧试样两端,再用双手拇指指尖和食指第二节分别在试样正面和背面对顶,将拇指指尖用力顶向试样,观察试样强力。若能轻易顶破试样,则说明织物强力损伤过大。保持织物强力比去除织物表面长绒毛更重要。抛光时当织物强力损伤明显而织物表面长绒毛仍然偏多时,可通过后道工序的干式拍打来补救。若此时织物强力损伤过大,欲通过后道工序补救,那将难以实现。

(4)其他工序。脱水太干、时间过长或脱水机内装入的织物过多,都会使织物表面产生折痕。脱水产生的折痕易在织物表面留下永久的轻微折痕,从而影响成品外观质量。无论是自动弯辊开幅装置,还是感应式自动解捻开幅装置,开幅时都会与织物表面摩擦,而手工开幅可避免擦伤。手工开幅重新缝头,可减少成品纬斜,降低后道加工的断头机会。为减少磨毛绒面在绳状染色时因相互摩擦而产生新的长毛绒,可考虑采用平幅染色方式。长车轧染虽可最大限度保持抛光效果,但织物手感板结,缺乏回弹性。间歇式平幅卷染既可保持抛光效果,也可保持织物手感。染色时,均匀的低张力是保持和维护织物手感的关键。拉幅时门幅以布面平整为宜,烘箱温度为 150~160℃,车速 30~40m/min,针板式热风拉幅定形机的烘房数量低于九节时,将会降低定形加工效率。张力和超喂的大小应以布面平整和挂针迅速为宜。落布时布面温度不宜过高,以免产生死褶。必要时可采用大卷装装置落布,既可保持布面平整,也可保持布面张力均匀。蓬松型、滑爽型和亲水型三种有机硅柔软剂可满足不同客户对磨毛棉织物手感的要求。柔软剂加入量过多,易引起织物“拔丝”。采用浸轧法柔软整理比浸渍法柔软整理效率更高。

可通过干式拍打的机械柔软加工方式,去除织物表面长绒毛。干式拍打通常在气流式柔软机内或气流式染色机内完成。通过干式拍打,织物与织物之间、织物与加工设备内壁之间发生充分的摩擦,可以磨断织物表面经酶处理没有处理掉的相对较长的绒毛。在气流式柔软机内,通过高速空气的吸进与抛出,经反复的循环,纯棉仿天丝织物与设备内壁多次碰撞,经纬纱的刚性进一步降低，织物手感可以得到进一步改善。

2. 纯棉染色针织汗布的染整工艺流程设计

(1)工艺流程

坯检→配缸→缝头→煮漂→染色→皂洗→水洗→柔软→脱水→剖幅→定形→验布→折码→包装

(2)工艺内容

①坯检。

A. 检验目的：检查坯布质量，发现问题及时采取措施予以解决。

B. 检验方法：抽取其总量的10%左右，也可根据原布的质量和品种适当增减。

C. 检验内容：原布幅宽、克重，纱线的线密度和强力等。纱线质量、油污纱、破洞、漏针等织造疵病。

②配缸。

A. 翻布：为防止织物在流通过程中产生污渍和正面染色疵点(色渍和擦伤等)，所有坯布应以反面朝外为原则。

B. 配缸依据：应根据设备容量而定，常把同规格、同工艺的坯布划分为一类进行分批。按照机器生产能力和所要加工品种的任务，将相同规格和加工工艺的织物配缸，并计好重量，以便染化料加入时准确计量。

C. 注意点：配缸时将布匹翻摆在堆布板上，同时将两个布头拉出，布头不能漏拉，并做到正反一致。

③缝头。

A. 缝头目的：将配缸针织物逐匹用缝纫机缝接，使所要加工的针织物头尾相连，以便在溢流染色机中能循环均匀。

B. 缝头要求：平整、坚牢、边齐、针脚疏密一致，不漏针和跳针，或布头打四个均匀结头，使布面受力尽可能均匀。

④煮漂。棉针织物的前处理通常只进行煮练、漂白，去除棉纤维中的伴生物，提高棉纤维的吸湿性和染色性能。为提高加工效率和减少针织物变形，采用双氧水煮漂一浴法。对白度要求高的产品，可进行复漂及荧光增白处理。

⑤染色。活性染料颜色鲜艳，色谱齐全，价格较低，染色方便，皂洗牢度和摩擦牢度较好，所以棉针织物一般都采用活性染料染色。染色时根据订单的质量要求选择合适的染料，一般选用乙烯砜型活性基、双活性基、多活性基的活性染料，必须注重商品染料的质量，要求重现性好。

A. 工艺流程：室温→加入匀染剂→加入染料→运行20min→分两次加盐促染→运行20min→1～1.5℃/min升温至60℃→分两次加碱固色→运行30～60min→排液→水洗→酸洗→皂洗(皂洗剂1%)→水洗→固色(无甲醛固色剂FK-406M，2%～4%)→柔软整理→脱水→烘干

B. 操作要求：先用温水将活性染料搅拌成糊状，再用60℃左右的热水稀释，搅拌至无块状

或干粉状，方能加入染色机内。加入助剂尤其是纯碱和染料应先慢后快，元明粉、纯碱应分次加入，以降低最初的上染速度和固着速度，实现染色均匀、无色花的目的。

C. 皂洗工艺：清水洗一遍，酸洗一遍，皂洗一遍，清水洗一遍。为充分保证活性染料的耐洗牢度，对深浓色需要进行两次皂洗处理。

⑥柔软整理。经过染整加工后，纤维上的蜡质、油剂等不同程度被去除，织物手感变得粗糙僵硬，在缝制中易产生针洞，需要进行柔软整理。柔软整理前，要确认准确配方后方可加入柔软剂。如织物易皱，柔软前需先用50℃清水洗一遍。

⑦脱水、剖幅。脱水时要控制好时间和车速，时间过长、转速过高都易形成折痕和细皱纹。要经常检查机械传动部位，防止擦伤、勾纱、勾丝，装布必须均匀，防止运转时剧烈抖动，损伤机器。根据织物品种合理确定转速参数，保证织物含水率在规定的范围内，有利于后续加工。剖幅的车速一般为10～15m/min，车速过高会导致圆筒针织物运行张力不匀，也易产生折痕和细皱纹。

⑧定形、检验、包装。纯棉针织物的拉幅定形加工通常是对干态织物进行高温处理，但有时也可将织物在蒸汽存在下进行热处理。定形温度需根据织物的品种、组织结构及设备的状况等来确定，干态定形温度相对较高，一般在160℃。定形还与定形车速、加热方式、热源种类、织物品种和含湿量等因素有关。

影响拉幅定形效果的因素主要有温度、时间和张力。一般来说，拉幅定形温度越高，织物的尺寸稳定性越好。但温度过高，会引起织物手感粗糙和纤维损伤、强力下降。一般经水洗或染色后的织物，由于纵向受到拉伸，横向发生收缩，因此拉幅定形时大多数要横向施加较大张力，而纵向需松弛或超喂，才能将织物中的线圈立体结构调整至稳定状态，使织物获得良好的尺寸稳定性。

成品检验是产品出厂前的一次综合性检验，包括外观质量和内在质量两大项目。外观质量检验内容有门幅、外观疵点、缝迹牢度以及是否存在色花、色差现象；内在质量检验内容有面料单位面积重量、染色牢度、缩水率等。

训练任务2－2　棉织物染整工艺流程设计

•目的

通过训练强化理解棉织物加工流程说明的基本要求。

•引导文

南通圣宝杰纺织印染厂年产各种纯棉产品5000万米以上，主要为漂白织物、染色织物和印花织物三类。请根据已经掌握的知识，编制纯棉织物加工流程。

•基本要求

1. 请设计纯棉深色轻薄织物的工艺流程；
2. 请设计纯棉漂白产品工艺流程；
3. 请设计纯棉印花产品工艺流程；
4. 请选择上述三个流程中的两个，说明各工序的主要作用；

5. 简述纯棉浅色厚重织物在各工序中的加工注意事项；

6. 画出纯棉深色轻薄织物间歇式平幅卷染的工艺曲线；

7. 下次上课前上交本次训练任务书。

任务2－3　棉织物染整工艺条件和处方设计

学习任务2－3　棉织物染整工艺条件和处方设计

•知识点

了解棉织物染整工艺条件和处方的设计内容。

•技能点

提高棉织物染整工艺条件和处方的设计能力。

•相关知识

1. 纯棉染色汗布工艺条件和处方设计

(1)工艺流程

坯检→配缸→缝头→煮漂→染色→皂洗→水洗→柔软→脱水→剖幅→定形→验布→折码→包装

(2)工艺内容

①煮漂。棉针织物的前处理通常只进行煮练、漂白,去除棉纤维中的伴生物,提高棉纤维的吸湿性和染色性能。为了提高加工效率和减少针织物变形,采用双氧水煮漂一浴法。对白度要求高的产品,可进行复漂及荧光增白处理。

A. 煮漂设备:常温常压溢流染色机

B. 煮漂工艺:

30%烧碱	6.0g/L
27%双氧水	8.0g/L
精练剂	1.5g/L
稳定剂	1.0g/L
精练浴比	1:15
温度	98℃
时间	60min
升温速率	1.5℃/min
去氧酶	0.5g/L
去氧浴比	1:10
温度	40℃
时间	20min

C. 工艺曲线：

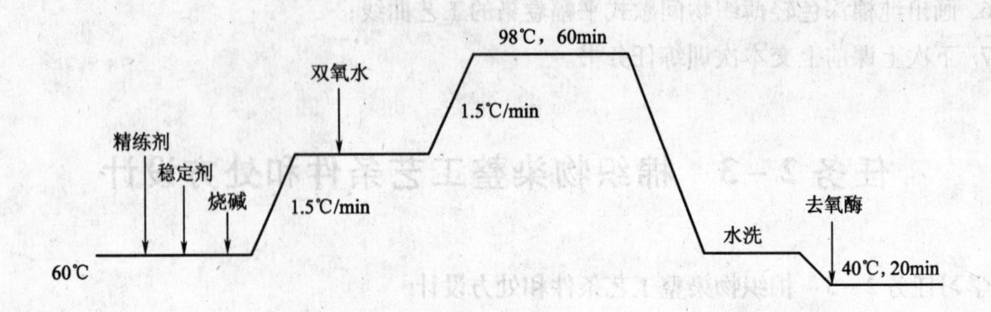

②染色。工艺流程：室温→加入匀染剂→加入染料→运行20min→分多次加盐促染→运行20min→1～1.5℃/min升温至60℃→分多次加碱固色→运行30～60min→排液→水洗→酸洗→皂洗（皂洗剂1%）→水洗→固色（无甲醛固色剂FK－406M，2～4 g/L）→柔软→脱水→烘干

A. 染色工艺处方：

活性红B－2BF	0.326%（owf）
活性黄B－4RF	0.452%（owf）
活性蓝B－2GLN	0.146%（owf）
螯合分散剂	1.5g/L
元明粉	40g/L
纯碱	10g/L
染色温度	60℃
染色时间	40min
固色温度	60℃
固色时间	60min
浴比	1∶10

B. 皂洗工艺：先用冰醋酸0.6%（owf）于40℃洗涤10min，再根据织物颜色深浅确定皂液加入量。具体的加入量见表2－1。

表2－1 纯棉染色汗布皂洗工艺

颜色	液皂用量（%，owf）	皂洗温度（℃）	皂洗时间（min）	浴比
浅色	0.3	80	15	1∶15
中色	0.5	85	15	1∶15
深色	1.0	95	15	1∶15

C. 染色工艺曲线：

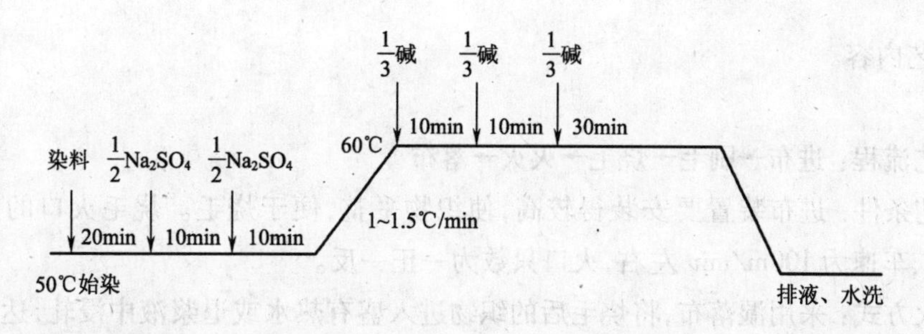

③耐水洗牢度的测定

A. 实验材料:染色纯棉针织物、标准纯棉贴衬布

实验药品:肥皂(不含荧光增白剂)。

实验仪器:耐洗色牢度实验仪

B. 实验步骤:试样为40mm×100mm,正面与一块40mm×100mm标准纯棉贴衬布相接触,沿一短边缝合,形成一个组合试样。皂液浓度为5g/L,浴比为1:50。

将组合试样放入耐洗色牢度实验仪的容器内,倒入所需量的皂液,盖紧容器盖,放入耐洗色牢度实验仪中,预热15min,温度达40℃左右,然后在此条件下处理30min。取出组合试样,用冷水清洗两次,然后在流动冷水中冲洗10min,挤去水分。展开组合试样,使试样和贴衬布仅由一条缝线连接,悬挂在低于60℃的空气中干燥。最后用灰色样卡评定试样的褪色级数,用沾色样卡评定贴衬织物的沾色级数。

C. 测试结果:耐水洗染色牢度在4~5级。

④柔软整理。根据工艺要求准确称取、量取各种柔软剂等助剂,加入缸中搅匀。根据布匹的多少选用如下两种方法。

A. 方法一:布匹少时,采用单循环的简单方式。

B. 方法二:布匹较多时,采用大循环连续方式,即从右边进布逐管走过,最后从左边出布。

C. 工艺如下:

柔软剂	1.2%(owf)
温度	40℃
时间	15~20min

⑤拉幅定形工艺条件。

温度	160~170℃
速度	20m/min
柔软剂	12g/L
超喂	4%
门幅	大于成品2~3cm

2. 纯棉印花绉布工艺条件和处方设计

(1)工艺流程。

坯布准备→烧毛→前处理→染地色→拉幅去皱→印花→汽蒸→松式水洗起绉→松烘→拉幅

定形→成品

(2)工艺内容。

①烧毛。

A. 工艺流程：进布→刷毛→烧毛→灭火→落布

B. 工艺条件：进布装置要安装得较高，使织物平整，便于烧毛。烧毛火口的火焰温度为800~900℃、车速为100m/min左右，火口只数为一正一反。

C. 灭火方式：采用湿落布，将烧毛后的织物进入盛有热水或退浆液中浸轧，达到既灭火又施加退浆剂的目的。

D. 烧毛效果评定方法：在光线充足的地方，平视布面绒毛，按下列五级标准进行评定。

1级：原布未烧毛

2级：长毛较少

3级：基本无长毛

4级：仅有较整齐的短毛

5级：长短毛全部烧净

织物的烧毛级数要求达到3~4级。

②前处理。

A. 工艺流程：浸轧工作液→汽蒸(90~95℃、80min)→热水洗(80~85℃)→温水洗(50~60℃)→冷水洗

B. 工艺处方及条件：

30%氢氧化钠	18~20g/L
高效精练剂	10 g/L
27%双氧水	20 g/L
水玻璃	4 g/L
高效稳定剂	3 g/L
络合剂	1 g/L
车速	40m/min

C. 前处理检测：用毛细管效应表示织物渗透性，一般要求8cm/30min以上。白度值是评价漂白效果的重要指标。通过前处理加工，织物的白度要求达到80以上。

③染地色。

A. 工艺流程：练漂→30℃进缸→30℃加料→升温至65℃，保温20min→第一次加碱固色→保温30~60min→第二次加碱固色→水洗→皂洗→热水洗→出缸→松烘

B. 工艺条件：浴比1:15，液量3000L

C. 工艺处方：(浅黄色)

活性黄B-4RFN	0.025%(owf)
活性红B-3G	0.004 %(owf)
元明粉	16g/L

纯碱 8g/L

六偏磷酸钠 1g/L

D. 工艺曲线：

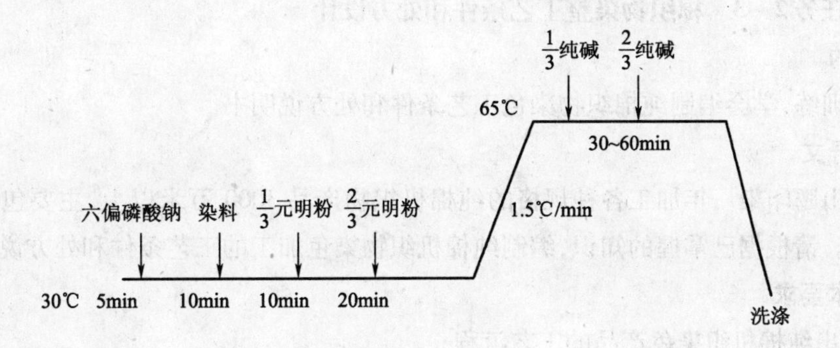

E. 松烘工艺条件：

采用圆网烘干机松式烘干，车速：35 ~ 40m/min；烘干温度：120 ~ 130℃。

F. 去皱工艺条件：

车速 40 ~ 45 m/min；温度 150 ~ 155℃；落布门幅 130cm。

④涂料印花。

A. 工艺流程：审稿→打手掌样→调制色浆→制网→印花→烘干→汽蒸。

B. 色浆处方（咖啡色圆点）：

涂料棕 8801	8. 6g/L
涂料元 8501	7. 14g/L
涂料金黄 8204	1. 8g/L
黏合剂	20%
增稠剂	2% ~ 3%

C. 汽蒸：使黏合剂与纤维充分结合，将涂料颗粒包覆在织物表面。汽蒸条件：时间 7min 、温度 104℃、车速 27. 4m/min、饱和蒸汽值 0. 02MPa。

⑤松式水洗起绉。

A. 工艺处方：有机硅柔软剂 3 0g/L。

B. 工艺条件：常温，20 ~ 30min，湿落布。

⑥松烘。

工艺条件：松式进布、温度 100℃、车速 30m/min。

⑦拉幅定形。

工艺条件：车速 40 ~ 45 m/min，温度 150 ~ 155℃，成品门幅 109 ~ 112cm。

⑧成品测试与包装。

A. 断裂强力：一般要求 N_T ≥345N，N_W ≥215N。

B. 耐洗染色牢度：一般要求 3 ~ 4 级。

C. 织物缩水率的测定：－5% 以内。

D. 包装工艺流程：验布→码布→开剪→定等→摺布→成件→复检→打包

E. 包装工艺条件：车速 40 m/min、码布长度 100 cm、成品门幅 109 ~ 112 cm。

训练任务 2 -3　棉织物染整工艺条件和处方设计

• **目的**

通过训练，学会编制纯棉织物染色工艺条件和处方说明书。

• **引导文**

南通山鹰印染厂年加工各种规格的纯棉机织物产品 3000 万米以上，主要包括染色织物和印花织物。请根据已掌握的知识，编制纯棉机织物染色加工的工艺条件和处方说明。

• **基本要求**

1. 写出纯棉机织染色产品的工艺流程；
2. 说明前处理和染色阶段的主要工艺条件；
3. 写出前处理阶段和染色阶段的主要工艺处方；
4. 在实训室分组实施本组设计的工艺流程；
5. 在实训室分组验证本组设计工艺条件和工艺配方；
6. 注明主要检测项目，粘贴检测样品；
7. 粘贴各工序实施后的小样；
8. 下次上课前上交本次训练任务书。

任务 2 -4　纤维素纤维纺织物染整加工设备选型

学习任务 2 -4　纤维素纤维纺织物染整加工设备选型原则

• **知识点**

通过学习了解纤维素纤维织物染整加工设备的选择方法。

• **技能点**

通过训练进一步提高纤维素纤维织物染整加工设备的选择能力。

• **相关知识**

1. 国产染整设备的型号

国产染整设备的型号，由于先后经历 54 型、65 型、74 型等成套印染机械设计的几次变更，其型号编制显得比较零乱。1978 年纺织工业部颁布 FJ401 -78《纺机产品型号的编制和管理办法》后，染整设备的型号逐渐趋于规范化。棉型织物染整设备的型号，一般 54 型设备是以 M 为标志的，74 型设备是以 MH 为标志的，而 MA 则是 20 世纪 80 年代以来新型设备的标志。但在新生产的设备中，有些设备是在原 74 型设备的基础上加以改进的，属于 74 型设备的孽生型产品，因此仍沿用过去的 MH 字头，只是在字尾上与原设备型号有所区别。为了便于选择和使用，将历来常用型号（类号）及分段代号（种号 + 顺序号）归纳如下。

（1）国产染整设备的常用型号。常用型设备的型号是以纤维类别和工艺类别的汉语拼音字母表示，见表2－2。

表2－2　常用型设备的字母含义

字　母	含　义	字　母	含　义
L	联合机	MZ	纱线染整机器类
M	棉染整机器类	MF	纱线染整机器类
MA	棉染整机器类	Q	丝绸染整机器类
MH	棉/化纤染整机器类	MV	化纤染整机器类
N	毛染整机器类	U	辅机（附属设备）类
MB	毛染整机器类	MU	染整辅机类
Z	针织染整机器类	T	通用件类
ME	针织染整机器类	MT	染整通用件类

①孳生型设备型号。孳生型设备是指将最初研制的染整机械作为基本形式，在此基础上，对部分主要结构进行改变和改进后的设备。孳生型产品型号编制的特点是在最初设备的型号之后添加一个英文字母表示，一般以顺序号A、B、C… 表示，如LMH004A－180型化纤织物烧毛机就是LMH004－180型化纤织物烧毛机的孳生型产品。孳生型产品的种类很多，最常见的是热源变化的孳生型式。不同热源的代号见表2－3。

表2－3　不同热源的代号

热源	煤气	丙丁烷	电	油	汽油汽化气	过热蒸汽
代号	M	B	D	Y	Q	G

显然，这些代号是以相应汉字的汉语拼音的第一个字母来表示的。例如：LMH703M－160、LMH703Y－160、LMH703D－160型快速树脂整理机，其中M、Y、D表示在进行树脂焙烘时，分别以煤气、油和电作为热源。此外，某些染整机器型号中A、B等表示特定的含义。例如：M125A型等速卷染机，其中A表示无封闭罩。M125B型等速卷染机，B表示有封闭罩。LMAl61A－140、160、180型直辊丝光机，其中A表示该机后面装有两柱烘筒烘干，为干落布，不带A的为湿落布。

②常用染整联合机分段代号（种号＋顺序号）。染整设备的分段代号由种号和顺序号组成，种号由两位阿拉伯数字构成，顺序号为一位阿拉伯数字，其含义见表2－4。

表2－4　机器型号中阿拉伯数字的含义

代　号	MH型	LM型	LMH型	MA型	LMA型
0××	烧毛、退浆、练漂	烧毛、退浆、练漂	烧毛、退浆、练漂	烧毛、退浆、练漂	烧毛、退浆、练漂
1××	染色	开幅、轧水、烘干	开幅、轧水、烘干	开幅、轧水、丝光	开幅、轧水、丝光

续表

代　号	MH 型	LM 型	LMH 型	MA 型	LMA 型
2××	印花	丝光	丝光	染色	染色
3××	整理	染色	染色	印花	印花
4××	印花前后处理及其附属设备	印花前后处理及其附属设备	打底烘干	整理	整理
5××	平洗、轧车	印花	印花	检装	检装
6××	烘干、焙烘	皂洗	皂洗	辅机	—
7××	蒸箱、容布箱、汽蒸箱、拉幅机	拉幅、整理	拉幅、整理	轧洗	—
8××	—	检装	—	烘干	—
9××	—	—	—	汽蒸、拉幅	—

由上看出,联合机型号组成与单元机型号组成相比,只是前面多了一个 L 字母,其余的部分相似。但需要指出的是,虽然种号都是由两位阿拉伯数字构成的,但阿拉伯数字的含义在单元机和联合机的型号中是不同的。需根据单元机、联合机型号的编制方法以及表 2-2 的内容,对一般设备型号所表达的信息加以分析。如下列设备型号中的含义:MH411-160 型卷轴放轴两用机、LMH571-180 型圆网印花机、LMA166-140 型直辊丝光联合机。

③单元机和联合机的型号举例。单元机型号由类号、种号和顺序号三部分组成,如:

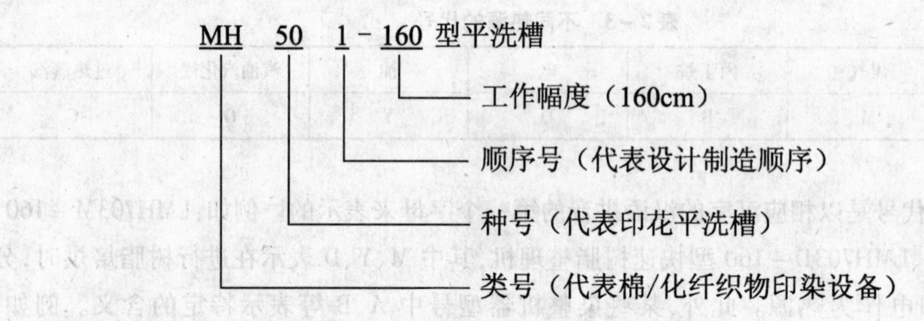

联合机型号由 L+类号+种号+顺序号组成,如:

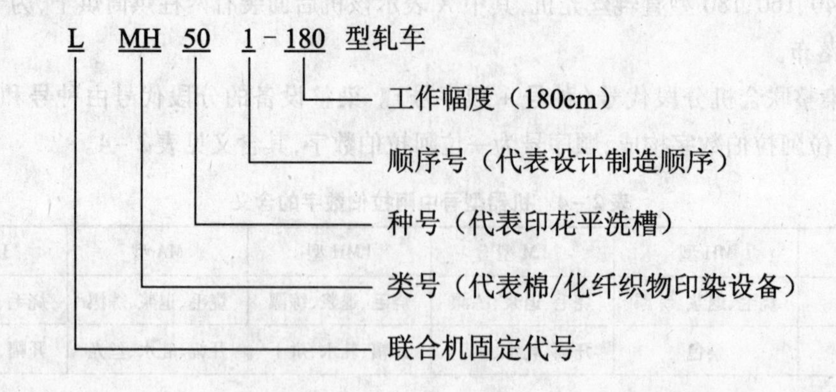

④左、右手车定义(新国际标准)。

我国的规定是站在机器的出布区域,面对进布方向,若设备的电动机装置在右手一侧,则该设备为右手车,反之为左手车(图2-1)。而按照新的国际标准,其规定与我国相反,如法国、瑞士等,在引进设备时应注意。

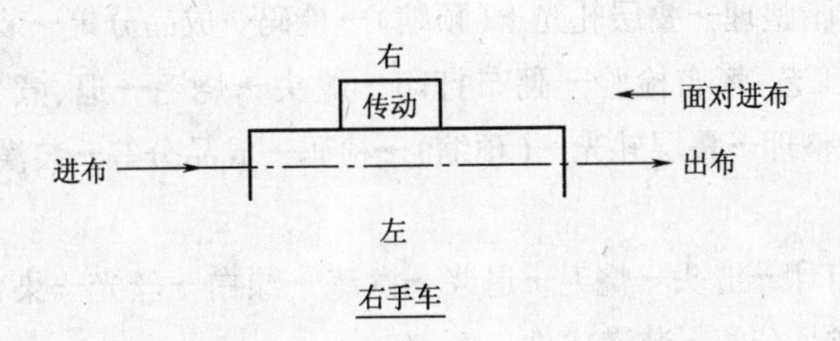

图2-1　国内染整设备左、右手车定义示意图

2. 工艺设备的选择

积极采用先进且成熟的新工艺、新技术、新设备,把产品品种质量放在首位,满足小批量、多品种生产的要求,使生产工艺具有一定的灵活性和适应性,这是进行工艺流程设计的基本原则。此外,设计工艺流程时一定要和生产设备紧密结合起来考虑。一般是根据工艺要求来选择设备,设备服从工艺要求。对一个加工产品,采用不同的工艺流程,就要选用相适应的设备。只有解决了设备的配置,才能保证工艺流程的实现。

(1)纯棉织物染整工艺设备选择。

①纯棉织物主要产品工艺流程。

A. 本光漂布:

坯布检验→翻布打印→缝头→烧毛→退浆→煮练→漂酸洗→开轧烘→上柔软剂、增白、拉幅→轧光→检码→成品分等→装潢成件

B. 漂白府绸:

坯布检验→翻布打印→缝头→烧毛→退浆→煮练→漂酸洗→开轧烘→丝光→复漂、增白→柔软、拉幅或树脂整理→叠层轧光→预缩→检码→成品分等→装潢成件

坯布检验→翻布打印→缝头→烧毛→(退、煮→漂或退→煮、漂)→丝光→复漂、增白→柔软、拉幅或树脂整理→叠层轧光→预缩→检码→成品分等→装潢成件

坯布检验→翻布打印→缝头→烧毛→(退、煮、漂一步法)→丝光→复漂、增白→柔软、拉幅或树脂整理→叠层轧光→预缩→检码→成品分等→装潢成件

C. 硫化元、硫化蓝布:

坯布检验→翻布打印→缝头→烧毛→退浆→煮练→酸洗→开轧烘→(丝光)→卷染→烘干→上浆或柔软→拉幅→检码→成品分等→装潢成件

D. 190#士林蓝布:

坯布检验→翻布打印→缝头→烧毛→退浆→煮练→漂酸洗→开轧烘→丝光→染色→柔软、拉幅或树脂整理→(预缩)→检码→成品分等→装潢成件

E. 什色府绸：

a. 绳状前处理工艺：坯布检验→翻布打印→缝头→烧毛→退浆→煮练→漂酸洗→开轧烘→丝光→染色→柔软、拉幅或树脂整理→叠层轧光→(预缩)→检码→成品分等→装潢成件

b. 平幅前处理工艺：坯布检验→翻布打印→缝头→烧毛→退、煮冷轧堆置→氧漂→丝光→染色→柔软、拉幅或树脂整理→叠层轧光→(预缩)→检码→成品分等→装潢成件

c. 冷轧堆前处理工艺：坯布检验→翻布打印→缝头→烧毛→退、煮、漂冷轧堆→丝光→染色→柔软、拉幅或树脂整理→叠层轧光→(预缩)→检码→成品分等→装潢成件

F. 什色卡其：

坯布检验→翻布打印→缝头→烧毛→退浆→煮练→漂白→丝光→染色→柔软、拉幅或树脂整理→预缩→检码→成品分等→装潢成件

G. 印花布：

a. 印花布前处理：坯检→翻布→缝头→烧毛→退浆→煮练→漂酸洗→开轧烘→丝光→烘干

b. 直接印花：白布→印花→固着(焙烘或汽蒸)→皂洗、水洗→烘干

白布→打底→印花→蒸化→皂洗、水洗→烘干

c. 防染印花：白布→印花→轧染或显色→皂洗、水洗→烘干

d. 防印印花：白布→(打底)→印花→蒸化→皂洗、水洗→烘干

e. 拔染印花：白布→染色→印花→蒸化→皂洗、水洗→烘干

f. 印花布后整理：(上蓝、加白、柔软)拉幅或树脂整理→(轧光)→(预缩)→检码→成品分等→装潢成件

②黏纤织物。

坯检→翻布→缝头→烧毛→松式退浆、水洗→(漂白)→染色(卷染、松式浸染或印花)→柔软、拉幅或树脂整理→轧光→防缩→检验、码布→成品分等→装潢

③棉织物染整生产工艺和设备的选择。棉布染整生产设备有联合机和单元机(包括平洗槽、轧车、蒸箱、烘筒等)。由于染整机械生产的厂家较多，染整设备的情况比较复杂，所以选定染整设备时要详尽了解其生产技术条件及设备主要规格与性能，要与染整产品的生产工艺相匹配。

A. 烧毛：烧毛设备一般采用气体烧毛机，铜板烧毛机与圆筒烧毛机除生产少数纯棉卡其或麻类织物品种外，已经很少使用。常用的气体烧毛机型号有：LMH003 型为棉、涤/棉织物两用气体烧毛机，LMH004 型为化纤及中长纤维织物用气体烧毛机，LMH005 型为纯棉织物用气体烧毛机，LMH011A 型为双层气体烧毛机，可与 LM083A 型绳状练漂机(双头)配套，适用于大中型的印染厂。气体烧毛机的热源有城市煤气、水煤气、液化石油气和汽油汽化气等，型号中加 A 字的为汽油汽化气热源，可根据本地区供应的热源选择使用。烧毛机的工作幅度有 160cm 、180cm 、200cm ，一般应选用比后续工序平幅设备的工作幅度宽 20cm 。

烧毛工序可分为原布烧毛、练漂后烧毛、染色后烧毛三种。通常采用原布烧毛，其加工工序顺，对烧毛机的清洁工作要求不高，缺点是烧毛不净，易造成浆料、油污去除困难。练漂后烧毛，烧毛净，退浆尽，油污容易去除，但工序不顺，对烧毛机的清洁工作要求高。染色后烧毛，可防止

含有合纤的织物烧毛时表面绒毛熔融成球而造成深色点，但也存在工序不顺的问题。因此除特殊深色布采用染色后烧毛外，一般都采用原布烧毛。

B. 退浆、煮练、漂白：棉布通常采用退浆、煮练、漂白三步法前处理工艺，但退浆、煮练、漂白三道工序也不是截然分开的，如退浆时也可去除部分天然杂质，煮练也有进一步去除残留浆料和提高织物白度的功效，漂白时也兼有去除浆料和天然杂质的作用。虽然退浆、煮练、漂白三步法前处理工艺存在加工机台多、时间长、效率低、能耗高，产生的疵病多等不足，但由于质量稳定，重现性好，目前生产上还在采用。

a. 退浆：根据织物上的浆料不同，退浆工艺有酶退浆、碱退浆、碱酸退浆和氧化剂退浆等，应根据需要和具体情况加以选用。

纯棉织物可采用绳状前处理工艺，加工设备有 LM083A 型绳状练漂机（双头），加工能力大，适用于大型棉布印染厂。LMA071 型是松式单头绳状练漂机，适用于松式加工，有利于降低缩水率。

平幅加工的前处理设备种类较多，退浆设备有 LMH041 型平幅酶退浆机（容布器保温堆置），LMH042、LMH043 型平幅碱退浆机（平板履带箱汽蒸、堆置），双氧水—烧碱退浆可选用 LMH065 型履带式氧漂机、LMH066 型平幅氧漂机、LMH067 型平幅煮练联合（平板履带箱汽蒸堆置）、LMH067B 型平幅退浆煮练联合机（R－型汽蒸箱）。还有适用于纯棉中厚织物加工的 LMH073 型平幅退煮漂联合机（轧卷式）、LMA045 型平幅退煮漂联合机（R－型汽蒸箱）、LMA043 型高速退煮漂联合机。

b. 煮练：棉织物及含棉的织物均须进行煮练，煮练方法有高温高压煮布锅煮练、绳状连续轧碱汽蒸煮练、平幅连续轧碱汽蒸煮练、平幅轧卷汽蒸煮练等，应视具体情况合理选用。对于平幅连续高温高压汽蒸煮练，由于设备封口技术等原因还没有推广使用。

绳状连续轧碱汽蒸煮练适用于棉和麻棉混纺的漂白布、浅中色布和花布的煮练加工，具有生产效率高，煮练质量均匀，劳动强度低等优点。但对厚重的染色布来说，易产生擦伤、绳状压皱印、纬斜等疵病。一些老的印染厂常用 LM083A 型连续绳状练漂机，而新建印染厂和老印染厂经改造后，多选用高速、高效、低张力单头绳状汽蒸练漂机，如 LMA071 型高效绳状练漂机。

煮布锅煮练适用于棉、麻/棉织物的浅、中色布和花布等品种煮练，特别对一些煮练要求高的紧密织物，如纯棉府绸等品种，采用煮布锅煮练具有煮练匀透、去除棉籽壳效果突出、半制品质量较好、耗碱量较少等优点。其缺点是不能连续生产，劳动强度较高，若操作不当，厚重织物容易产生擦伤、绳状压皱印等疵病。煮布锅有 M081A 型（容布量 1.5t）、M082 型（容布量 3t）和 M083 型煮漂锅（容布量 1.5t、不锈钢筒）立式煮布锅等。

平幅连续轧碱汽蒸煮练适用于厚重织物以及合纤混纺织物的加工。各种类型的平幅汽蒸练漂机中，履带式是使用较多的一种，可供棉、涤/棉等织物加工。新型的履带式汽蒸机加长了导辊预蒸区，可减少压皱印，如 LMH067 型平幅煮练联合机的汽蒸机，还有使用弧形（R－型）履带式连续汽蒸液煮练漂机，也可只汽蒸而不液煮，其具有张力小、不易产生折痕等优点。

平幅轧卷汽蒸练漂机，如 LMH062－160 型平幅氧漂机，设备结构较简单，对织物的品种适应性较强，特别适用于厚重织物的煮练，可避免擦伤、轧破、轧皱印等疵病。但属于非连续生产，操作较繁重,布卷内外层煮练质量不够均匀。

c. 漂白:常用的漂白剂有次氯酸钠、双氧水,应根据织物情况、漂白效果和加工成本等选用。次氯酸钠漂白操作方便,设备简单、价格低,常用于棉布和麻/棉织物等漂白,但由于存在环保问题,应用正逐渐减少。高档漂白棉织物和涤棉混纺织物等一般采用氧漂。黏纤织物、麻织物的漂白工艺大致与棉织物相同。

氯漂设备有 LM083A 型绳状练漂机、LMH064 型平幅氯漂机。氧漂设备可选用 LMH066 型系列平幅氧漂机,LMH067 型平幅煮练机,LMA045 型平幅退煮漂联合机(R-型汽蒸箱),以及 LMH062 型平幅氧漂机(轧卷式)。

d. 开幅、轧水、烘燥:纯棉织物绳状开幅轧水烘燥机有 LMH131 型开幅轧水烘燥机。

棉织物的平幅轧水烘燥设备有 LMH101 型轧水烘燥机、LMA101 型高效轧水烘燥机。中长纤维织物可采用 LMA105 型松式轧水烘燥机或 MH 634 型三层短环烘燥机。LMH722 型、LMH723 型短环烘燥定形机(SST),可使松烘与定形联合进行。

C. 高效短流程工艺:棉布通常采用退、煮、漂三步法前处理工艺,质量稳定,重现性好,但加工机台多、时间长、效率低、能耗高,且容易产生皱条、折痕、擦伤、斑渍、白度不匀、强力损伤、纬斜等疵病。由于退浆、煮练、漂白三道主要工序并不是截然分开的,如退浆的同时也有去除部分天然杂质的作用,可减轻煮练的负担。而煮练有进一步去除残留浆料的功效,对织物白度也有提高,漂白也有进一步去除天然杂质的作用。因此,如何保证产品质量、缩短工艺流程、简化设备、降低能耗,实现高效短流程工艺,目前主要有以下几种方法:

a. 二步法工艺:对于二步法工艺,一种方式是退浆、煮练合并,然后漂白,称 DS-B。该工艺将退浆、煮练工艺合并,使用在强碱条件下具有良好稳定性的氧化退浆剂,普遍采用 L 履带平幅汽蒸设备,特别是采用 R-型汽蒸箱具有蒸煮双重作用,退煮后再用常规漂白工艺加工,对双氧水稳定性的要求不高。DS-B 工艺最先应用于涤棉混纺织物的加工,现在已扩展到多种织物的加工。

另一种方式是先进行退浆,然后将煮练、漂白合并,称 D-SB。该工艺要求退浆后彻底洗涤,最大限度地去除浆料和部分杂质。煮练、漂白要在较强的碱性和较浓的过氧化氢条件下进行,关键是取决于耐强碱、耐高温的氧漂稳定剂,才能使煮漂过程达到既除去织物上的杂质,同时又完成漂白加工,还要保证使纤维少受损伤的目的。

b. 一步法工艺:一步法是指将退浆、煮练、漂白三道工艺合并为一道工艺,是近年来迅速发展起来的前处理工艺。一步法工艺主要有两种方法,即冷轧堆法和汽蒸法。

ⅰ冷轧堆法:其是在室温条件下采用碱氧一浴工艺,由于在低温下作用,尽管烧碱浓度较高,但双氧水的反应速率仍很慢,故除需用高浓度的双氧水、烧碱和助剂外,还必须延长堆放时间,才能达到满意的效果。由于冷堆作用温和,因此对纤维的损伤相对较小,适用于各种棉织物的退煮漂一步工艺。冷轧堆法应用最广的是碱氧法,其一般工艺流程为:

浸轧工作液→打卷堆置→水洗

此法最大的特点是设备投资少,上马投产快,占地面积少,降低能耗和用工,有利于提高半制品的质量(折皱少、油污斑渍少、纤维损伤小等),符合小批量、多品种、灵活性大的生产要求。

但生产管理要求高，双氧水、烧碱和助剂用量大，印染废水虽然少，但浓度高，污水处理负担重。

ⅱ汽蒸法：由于冷轧堆法反应温度低，需要采用延长反应时间和增加双氧水、烧碱和助剂用量的方法来保证半制品质量，因而导致印染废水的污染程度加剧。采用汽蒸法进行碱氧一浴一步汽蒸法更具现实意义，染整厂可以充分利用现有的设备条件，减少重复投资，同时促进前处理设备的改进和发展。但汽蒸法在高浓度烧碱和高温情况下，很容易引起双氧水快速分解，从而导致织物强力损伤。解决的方法是通过降低烧碱用量和加入耐高温强碱的双氧水稳定剂来实现。但降低烧碱用量会降低退煮效果，特别是上浆率高、含杂量多的纯棉织物。因此，该工艺较适合于涤棉混纺或轻薄织物。高效短流程工艺与常规工艺的比较见表2－5。

表2－5　高效短流程工艺与常规工艺的比较

比较项目	高效短流程工艺	常规工艺
产品质量	可达到要求	工艺稳妥，重现性好，产品质量稳定
流程	流程短，效率高	机台多，流程长，时间长，效率低
助剂要求	助剂用量多，要求高	要求一般
设备要求	要求较低	要求较高
发展方向	节能高效、符合环保要求，适合推广	耗能低效、污染较重，应用逐步减少

D. 丝光：棉布丝光按加工品种不同，有原布丝光、漂前丝光、漂后丝光和染后丝光等几种。原布丝光只限于某些无须练漂的品种，如一些只要求通过丝光以提高强力、降低断裂伸长的工业用布，或对丝光要求不高的产品。生产上广泛采用的是漂后丝光，可获得较好的丝光效果，并能消除绳状皱痕。漂前丝光和染后丝光仅用于某些特殊加工要求的品种。丝光工序对涤/棉染色布的匀染性有很大影响，丝光工艺方式有定形前或定形后丝光两种。目前较普遍采用的是定形前丝光，可弥补丝光门幅不足和皱条难以彻底消除的缺陷。但缺点是会导致织物毛效下降，染色时产生吸色不匀，影响布面匀染度、得色明显下降，且布边针孔处白点、白条难以防止。定形后丝光可使染前织物毛效、染色得色量和匀染性明显提高，但丝光过程中产生的皱条不易去除，目前采用较少。

丝光设备有布铗丝光机、直辊丝光机和直辊布铗丝光机三种。布铗丝光机扩幅效果好，对降低纬向缩水、提高光泽有较好的效果，所以使用较多。常用布铗丝光机有LMH201型、LMH201A型、LMH225型布铗丝光机等，高速布铗丝光机有LMA141型布铗丝光联合机、LMA142、LMA142A型高速布铗丝光联合机。

直辊丝光机结构较简单，可双层丝光，特别适宜门幅特宽的织物丝光，但扩幅效果不如布铗丝光机。常用的有LMA125型高速直辊布铗丝光联合机，BS280型、LMA166－280型直辊丝光联合机，适用于宽幅纯棉、涤/棉织物或家纺织物的丝光。

E. 热定形：热定形的工序安排有原布定形、染色前定形和染色后定形几种。原布定形可消除纺织过程中造成的内应力，避免织物在染整加工中产生严重的变形、褶皱，但缺点是织物上的油污和化学浆料较难去除。染色前定形可消除纺织和染整前处理过程中造成的褶皱，减少织物在染整加工过程中的收缩。染色后定形可使部分可溶性还原染料染浅色时提高给色量和熨烫牢度,并使成品获得好的尺寸稳定性和平整度,但对染色前半制品平整度要求较高。

常用热定形机有 M751 - 160、M751 - 180 型热定形机。选用 MH772 - 180 型高温拉幅机、M751 - 180 型热定形机等。

F. 染色:染色设备有间歇式平幅染色设备,如 M122、M122B 型卷染机,M125A、M125B 型等速卷染机,MA208 型大卷装卷染机,MA206 型恒张力卷染机,BMA207 - 2000 型巨型卷染机等。有适用于高温染色的 M141 型高温高压卷染机、MA221 - 180 型高温高压大容量卷染机,还有与卷染配套的 MH141 型卷轴放轴两用机。

间歇式绳状染色设备有 Q113 型绳状浸染机、ZR250 型高温高压溢流喷射染色机、ME214 型高温高压喷射染色机等,适用于轻薄化纤织物的绳状染色。

连续染色机有适用于涤/棉织物的 LMH 303 型、LMH304 型热熔染色机(三辊轧车),LMH305 型热熔染色机(均匀轧车);适用于纯棉织物的 LMH 323、323B 型连续轧染机(三辊轧车),LMH325 型连续轧染机(均匀轧车)。打底机有 LMH 401、401B 型红外线打底机(三辊轧车),LMH 404DJ、404MJ 型红外线打底机(均匀轧车),LMH 423、423B 型热风打底机(三辊轧车),LMH 424 MJ、424DJ 型热风打底机(均匀轧车)。还有适用于中长织物的 LMH 422 - 180 型悬浮体打底机,MH642 - 180 型还原皂洗机,MH681 - 180 型焙烘机配套组成。

G. 印花:常用的印花设备有滚筒印花机、圆网印花机、平网印花机和转移印花机四种。可根据印花布品种、产量等要求选择。滚筒印花机产量高,印制花纹精细,但由于花筒雕刻准备时间长等原因,目前使用较少。平网印花机适宜于小批量、花纹大小和套数变化大、质量要求高的印花。圆网印花机具有套色多、色泽浓艳、适应性较强和连续运转的特点,可用于各种织物印花,已被印染厂广泛使用。转移印花机工艺简单、节约能源、污染小,但转移纸张消耗大,印制深色有困难,所以目前应用还不够广泛。大、中型印染厂宜将滚筒印花机和圆网印花机配合使用,小型印染厂以选用圆网印花机或平网印花机为宜。

常用印花设备中,滚筒印花机有 LM534A 型八色印花联合机(气动对花)、LMA536 型八色印花联合机(电差动对花)、LMA301 型八色印花联合机、SLMA5301 型八色印花联合机(电差动对花)。圆网印花机有 LMH 571、571A 型圆网印花机、LMA331 型圆网印花机,引进荷兰 STORK 公司技术的 RDIV - AF - 1620 、RDIV - AF - 1850 圆网印花机。平网印花机有 LMH551 型、LMH552 型平网印花机,与瑞士 BUSER 公司合作生产的 LHM 5V 型平网印花联合机。

印花后处理设备有 LM433 - 160 型还原蒸化机,MH252 - 180、220、280 型长环蒸化机,5621 型长环蒸化机,M681 型焙烘机。显色、皂洗设备有 LMH611A 型松式绳状皂洗机,LMH631 型平幅皂洗机,LMH641、643 型平幅显色皂洗机,LMH636 型高效平幅皂洗机等。

H. 整理:

a. 拉幅、定形整理:棉、麻织物有普通拉幅整理和可进行上浆、加白、柔软整理的热风拉幅整理,设备有 LM714 型布铗拉幅机、LMH731 型热风拉幅机等。涤/棉织物可用 LMH731A 高温热风拉幅机,LSR797 型热风拉幅定形机,M751、MH774 型热定形机,SR785D 型平幅机织低弹热定形机,MH773A 型高温拉幅定形机,以及适用于中长纤维织物的 LMH722 型烘燥定形机,

LMH723、LMH724 型短环烘燥拉幅机。

b. 轧光整理和轧纹整理：根据产品品种和要求进行的外观整理，可选用轧光、电光、轧纹等整理工艺。设备有 M231－180、M331－180 型三辊轧光机，M241－180、M241A－180 型六辊轧光机等，SR346 型轧光拷花两用机、MA421 型轧花机。为了使上述外观整理的效果具有耐久性，可与树脂整理结合进行。

c. 树脂整理：棉、黏纤织物经树脂整理可获得防缩防皱、免烫整理效果。一般树脂整理和耐久性压烫整理（PP 整理）常选用 LMH701－160 型树脂整理机。轻薄织物可选用 LMH703－160 型快速树脂整理机。

d. 预缩整理：大多安排在整理加工的最后一道工序。产品经预缩整理后，不仅能降低缩水率，还可以改善织物的手感。预缩设备有 LMH751、LMA441 型防缩整理联合机等。

e. 蒸呢：蒸呢是中长纤维仿毛织物整理的一道关键工序。经蒸呢加工可明显改善织物手感，使织物布面平整、手感滑糯、富有弹性的毛型风格。蒸呢前织物经过预缩机预缩后，可使手感更加柔软丰满，因此蒸呢加工一般安排在预缩之后。蒸呢设备有 MH351－180、MH351A－180 型连续蒸呢机。如采用罐蒸机则效果更好，缺点是产量较低。

I. 包装：设备有 LM882 型检布折布联合机，MA501 型验卷联合机，M423、MA521 型对折卷板机，M492 型电动打包机和 A752 型液压打包机等。

（2）针织物染整工艺设备选择。针织物质地松软，具有良好的悬垂性、抗皱性、透气性以及较大的延伸性和弹性，适宜制作内衣和运动服装。通过改变织物组织结构，提高尺寸稳定性后也可作为外衣面料。经染整加工的针织物除可作服装、装饰用布外，还可在工农业、国防和医疗卫生等领域得到广泛应用。

①棉针织物主要品种工艺流程

A. 汗布类：

a. 漂布：配缸→理布→缝头→（碱缩）→煮练→氧漂→加白上蓝→柔软处理→脱水→烘干→开幅、定形→检验→包装

b. 色布：配缸→理布→缝头→煮练、氧漂→染色→柔软处理→脱水→烘干→开幅、定形→检验→包装

B. 棉毛布类：

a. 漂布：配缸→理布→缝头→煮练、氧漂→复漂、增白→柔软处理→脱水→烘干→定形→检验→喷雾停放→包装

b. 深色布：配缸→理布→缝头→煮练→染色→柔软处理→脱水→烘干→开幅、定形→检验→包装

C. 绒布类：

配缸→理布→缝头→染色→柔软或上起毛油→脱水→开幅→圆网烘干→缝头→起绒→翻布→轧光→检验→轧光→配色→包装

②工艺设备的选择。由于针织物是由线圈套结而成，在外力作用下很容易变形。为了保持针织物的形态稳定，降低缩水率，在漂染加工中应尽采用松式加工，目前已向单机加工方向发

展，即煮练、漂白、染色在同一台染色机内进行，一次进布，分段完成煮练、漂白和染色，而且煮练和漂白往往一浴进行。达到既缩短工艺流程，又提高产品质量，降低能耗，减轻劳动强度的目的。

A. 碱缩：碱缩是棉针织物在松弛状态下用浓烧碱溶液处理的过程，一般用于台车织造的棉针织汗布。碱缩的目的是为了增加针织物的组织密度和弹性，并提高对染料的吸附能力。碱缩有干缩（坯布直接碱缩）和湿缩（经煮练后碱缩）两种。干缩工序简单，便于连续生产。湿缩织物吸碱均匀，弹性和光泽较好，但工艺流程较长，碱液容易被稀释，对碱缩效果有影响。目前多采用干碱缩，设备有 2703 型针织缩布机。

B. 煮练：棉针织物的煮练以前用煮布锅煮练和 J 形箱连续汽蒸煮练工艺，现在普遍采用液流式染色机，做到煮练、漂白、染色一机加工。设备有 LME121 型平幅松弛煮练机。

C. 漂白：棉针织物漂白可用次氯酸钠、双氧水漂白。由于次氯酸钠漂白白度差且易泛黄，除杂能力差，现已很少采用。现在主要采用双氧水漂白，漂白效果好，设备以常温常压溢流染色机为主。

D. 染色：棉针织物染色主要采用活性染料染色，染色设备采用常温常压溢流染色机或高温高压溢流喷射染色机。

E. 柔软：棉针织物经煮练、漂白，去除了大部分油脂、蜡质，毛效有所提高，有利于染色和印花等加工。但织物的手感有所降低，缝制中还会造成针洞。为此，棉针织物经漂染加工后需进行柔软处理。柔软处理一般也在漂染加工的溢流染色机中进行。

F. 脱水：针织物脱水主要采用离心脱水机，脱水效率高，织物不易伸长，但脱水不匀，间歇性生产，劳动强度大，产量不高。脱水设备如 Z751 - 1200 型、HSB - 1800 型离心脱水机等。

G. 烘燥：针织物常采用圆网烘燥机、悬挂式短环烘燥机烘燥，一般以圆网烘燥机为主。织物在烘燥过程中基本不受张力，烘燥效率比较高，设备占地较少，烘燥时间短，烘燥较均匀。如 SME603 型平网烘燥机。

H. 开幅：针织物经绳状加工后须开幅后定形，开幅设备有 2871 型圆筒针织物开幅机。开幅的圆筒针织物、经编针织物还可采用湿态绳状退捻开幅吸水机开幅并吸水，如 TFS - 33（香港）圆筒针织物开幅机。

I. 印花：针织物印花主要采用筛网印花。目前使用的印花机有台板印花机和自动平网印花机，也有采用衣片印花，需要根据织物特点、工艺要求而定。

J. 起绒：棉、腈纶起绒针织物采用钢丝起毛机起绒，可增进织物美观、保暖性，使织物手感柔软丰满。常用的设备有 2851 型起毛机。

K. 预缩：圆筒形棉针织物常采用三超防缩工艺，即超喂湿扩幅、超喂烘干和超喂轧光，可以获得一定的预缩效果。对于棉毛、弹力罗纹等圆筒针织物，可采用阻尼预缩机预缩。对于开幅定形的针织物，可通过针板热风定形机的超喂定形作用达到预缩效果。

（3）纱线加工设备选择。

①选择原则。绝大部分筒子（经轴）纱线染色机属于高温高压设备，故对染色设备的设计、选材、制造及生产操作等各方面都应充分考虑其安全性。

A. 安全性：

a. 材质安全性：纱线染色过程中要使用各种化学品，对设备会有不同程度的腐蚀性，不仅会影响纱线的染色质量，还会威胁染色设备使用安全。

b. 设计安全性：染色设备的设计应按国家《压力容器安全技术监察规程》，由合格单位设计，特别是在温度、压力等方面应给予充分的安全系数保证。

c. 制造安全性：染色设备的制造应由具有压力容器制造许可证资质的单位按国家《压力容器安全技术监察规程》进行制造。

d. 安全设施：染机应具备各种安全设施，如安全阀、安全连锁，以确保只有安全状态下才能开盖，还应具有安全报警设置等。

e. 安全书：染色设备的运行过程中涉及各种安全内容的应按国家《压力容器安全技术监察规程》由有关部门进行检验。

B. 匀染性：匀染性是指染料在整个被染物上分布的均匀程度。影响纱线筒子(经轴)匀染性的因素很多，如纱线的结构和性能、染料的结构和性能、染色工艺的制定和操作以及染色设备的结构和性能等。

纱线筒子(经轴)染色最大的特征是被染物固定，且卷绕紧密，染色的正常进行完全凭借主泵驱使染液在纱线内强制循环流动。

C. 重现性：实际应用中，任何一台间歇式染色设备的容量都是有限的，当同一品种和所染颜色相同的被染物在一缸中无法一次染成时，必须分批或分缸进行，但相同染色工艺的染色经常产生“缸差”。由于早期的染色设备自动化程度低，全凭操作者的技能操作，因此难免受到技术水平的高低以及情绪波动等人为因素的影响，导致染色工艺过程不能重现。如何消除这种影响，使相同的染色工艺能够完全重现，这就是对染色设备提出必须能够保证重现性的要求。

D. 环保性：染色设备除了要能够满足匀染性和重现性的要求外，还应具有低能耗和环保性的特点，如小浴比、高效短流程、连续水洗、高温排放和压力脱水特性。这些特性不仅能给企业带来长远的经济利益，更能产生良好的社会效益，是新型染色设备必须具备的。

②常用设备选择。纱线的种类主要有纯棉、涤/棉、纯涤等品种，漂染的生产方式主要有绞纱漂染、筒子漂染、经轴漂染等，对于不同纤维的纱线和质量要求，应采用不同的漂染生产工艺。

A. 绞纱设备选择：绞纱漂染是长期以来纱线漂染生产采取的主要方式，漂染加工时首先将纱线在摇纱机上摇成一框框绞纱，每框绞纱重量一般为100g或200g，然后在往复式、挂箱式、吊笼式、喷射式等绞纱漂染设备上进行漂染加工。常用设备有MZ102型卧式精练罐，MZ112型常压煮练锅，MZ143B型绞纱丝光机，MZ115－50、MZ115－100型液流式漂染机，MZ132－6、MZ132－8型喷射式洗染机，MZ302A型往复式染纱机，MZ304型双箱液流染色机，GR201、GR202－50、GK202－100、MF241－50、MF241－100型高温高压染色机，Z751－1000、Z751－1200型离心脱水机，MZ312、MF421型绞纱烘燥机等。常规的加工工艺流程为：

a. 纯棉绞纱漂染工艺流程：

漂白纱线：绞纱→准备→煮练→漂白→增白→(柔软整理)→脱水→烘干

浅、中色:绞纱→准备→煮练→漂白→染色→柔软整理→脱水→烘干

中、深色:绞纱→准备→清水煮练→染色→柔软整理→脱水→烘干

b. 纯棉烧毛丝光绞纱漂染工艺流程:

漂白纱线:筒纱(原纱)→纱线烧毛→摇纱→丝光→煮练、漂白→增白→柔软整理→脱水→烘干→络筒

染色纱线:筒纱(原纱)→纱线烧毛→摇纱→丝光→煮练、漂白→染色→柔软整理→脱水→烘干→络筒

c. 纯棉绞纱漂染工艺流程:

漂白纱线:绞纱→准备→煮练、漂白→增白→(柔软整理)→脱水→烘干

染色纱线:绞纱→准备→煮练、漂白→染色→柔软整理→脱水→烘干

绞纱漂染加工的优点是对设备要求低,投资少、品种适应性大,纱线蓬松丰满。但工艺流程长、纱线损耗大、劳动强度高、纱线需反复绕、纱线条干差等,影响成品的织纹清晰度等,正逐渐被筒纱漂染和经轴染色等替代。

B. 筒纱设备选择:筒纱漂染是先将纱线卷绕在布满孔眼的不锈钢或工程塑料筒管上,称之为松式络筒,然后将其套在染色机载纱器的染柱上,放入筒纱染色机内,借助主泵的作用,使染液在纱线之间穿透循环,达到纱线染色的目的。

筒纱漂染加工是在筒纱染色机中进行,筒纱染色机种类很多,选择设备时不是越先进越好,也不是越便宜越好,而是能适应自己的产品需要才好。进口设备功能先进,质量上乘,但价格昂贵。国产设备价格较低,加上近年来借鉴和引进了一些技术和关键配件,功能和质量提高很快。常用设备如天津纺织机械厂生产的GA012、GA031、GA036型松式络筒机,邵阳第二纺织机械厂生产的SWF-2402型筒子纱染色机,香港立信射频烘干机等。配置筒纱染色机时以25kg、50kg小容量和1000kg或更大容量的染色机少一些,而200~400kg中等容量染色机多一些。

筒纱漂染具有工艺流程短、纱线损耗少、劳动强度低、自动化程度高、纱线条干好等优点,因此近年来发展很快。常规的加工工艺流程为:

漂白纱线:筒纱(原纱)→松式络筒→准备→煮、漂→增白→(柔软)→脱水→烘干→络筒(倒筒)

染色纱线:筒纱(原纱)→松式络筒→准备→煮、漂→染色→柔软→脱水→烘干→络筒(倒筒)

C. 经轴染纱设备选择:经轴漂染(浸染)是将色织物的经纱,根据色相和数量的要求,直接在松式整经机上将原纱卷绕在有孔的经轴上,将其装在染色机的载纱器上,放入经轴染色机内,借助主泵的作用,使染液在经轴纱线之间穿透循环,达到整个经轴纱线颜色均匀一致的要求,将其直接用于织造的染色方法。

经轴漂染(浸染)工艺流程最短、无条花、纱线损耗更少、劳动强度更低、纱线不需复绕而条干好、织造的织物织纹清晰,因此发展很快。但其对设备要求高、投资大、对品种适应性不广。经轴漂染(浸染)的生产设备有江阴第四纺织机械厂生产的经轴整经机,漂染设备可与筒纱染色机通用,漂染生产工艺基本与筒纱漂染工艺相同。

③常见设备简介。

A. 络筒机(GA014SF):

a. 络筒机外形尺寸:长×宽×高=13600mm×1150mm×1523mm

b. 成筒尺寸:ϕ200mm(大头)×152mm(长度)

c. 车头部分:本机车头结构合理紧凑,车头正前方向为电气控制箱(可控制两个主电机、一个辅助电机、一个上清洁器、人座小车电机等),提高了机电整体性,使外形得到了改观。

d. 左右槽筒轴:分别用两只电动机转动,左右速度可不同,一台机器可络两种不同品种纱。

B. 立式圆筒形筒子染色机(GR202):立式圆筒形筒子染色机是目前筒子染色中应用最为广泛的一种机型。该设备由主缸、染笼、换向装置、主循环管路、热交换器、排液阀、主循环泵、加料泵、溢流式化盐系统、加料桶、辅缸、总进水阀、溢流阀、安全连锁装置组成。这种形式的筒子染色机具有有效容积大、结构紧凑、浴比小,占地面积小(仅向空间发展),以及染液分配和循环合理等特点。

立式圆筒形筒子染色机还有个特点就是可以通过更换不同形式的染笼(或称载纱器)来对不同形态的纱线或纤维制品进行染色,为用户提供了更为广泛的应用范围。同时,对已配有筒子烘干机的用户,可以不卸下筒子而直接装入筒子烘干机进行烘干,提高了生产效率。

目前,这种机型正向大容量的方向发展,除增大单机容量外,还可以通过联机方式来增加容量。但这种容量的增加并不是简单的放大,而是要充分考虑结构的变化对水流分配和循环的影响,并通过有效合理的循环系统和控制系统,确保染色的匀染性和重现性。

C. 筒子纱脱水机(HSD-1200):

外形尺寸:长×宽×高为2600mm×2210mm×2340mm

本机适用于外径小于18mm,高度小于200mm,染色后的筒子纱脱水。一机可脱水32个筒子,纯棉纱线脱水约为6min。被染物染色后需进行水洗,如果仅仅排完液后就水洗,由于被染物中还吸附着大量残液必须要有足够的清水来稀释,这样就会浪费大量的水和时间。因此,为提高效率,可以采用压力脱水的方式,以降低被染物的含水率。

D. 筒纱烘干机(TG-II):

外形尺寸:长×宽×高为3410mm×3626mm×3545mm

a. 影响烘干的主要因素:烘燥过程是一个受多种因素制约的过程。筒纱所具有的特性对烘燥时间和烘干效果起着重要作用。对同一种纤维筒纱来讲,脱水情况、筒纱的大小、筒纱成形情况对烘干时间和效果有相当影响。另外,筒纱筒管的各连接处是否紧密及压紧器是否到位,影响烘干时间和效果。供气压力的高低影响烘干时间,疏水阀排除凝结水的能力同样对快干时间有较大影响。

b. 影响筒子纱烘干质量的主要原因:筒子纱自身情况,如纤维情况、线密度高低、卷绕情况、成形情况,管路的结构和完好的程度等。染料的影响,使用直接染料时会有染料受热迁移,影响浅色和白纱。烘房空气的洁净情况影响烘干质量,应及时对滤料处理。同一批次应烘同一色种和同种纤维、同样粗细的纱,避免干湿不均,以及纱的沾污情况。防止过烘,避免纤维性能变化。

E. 射频烘干机(SP01－85)：

外形尺寸:长×宽×高为8946mm×3026mm×3390mm

射频烘干机是用于纺织产品的连续干燥设备,适用于合成纤维、人造纤维、羊毛纤维、植物纤维等纱型。该设备最大输出功率为85kW,输送带的线速度为2.5～120m/h。由机架部件、输出功率为85kW的射频部件、热风部件、电气控制及冷却部件等组成。SP01－85射频烘干机用于纺织产品在脱水程序后,通过射频方式进行干燥,根据纱线重量(包括吸收率),烘干机可接受的水分蒸发率为:人造纤维/纱线55%～70%,羊毛纤维/纱线30%～35%,植物纤维/纱线45%～55%。

训练任务2－4 棉织物染整加工设备选择

•目的

通过训练进一步理解选择棉织物染整工艺设备的基本原则。

•引导文

浙江航民集团股份有限公司下属的萧山漂染厂新近建设了棉产品印染二车间。在不考虑产品产量的前提下,请根据先前训练任务所积累的知识和经验,选择必不可少的棉织物加工设备。

•基本要求

1. 注明加工产品的种类(机织物或针织物);
2. 注明漂白、染色和印花产品的设备选型要求;
3. 列出各加工工序使用的主要工艺设备;
4. 简述上述各种工艺设备的主要作用;
5. 尝试画出棉机织物练漂车间设备排列图。

训练项目2 纤维素纤维纺织物染整工艺设计与实施

•目的

通过项目设计与实施,培养学生制定染整工艺的基本技能。

•方法

1. 指导教师提出纤维素纤维织物染整工艺方案设计要求;
2. 指导教师指导学生分组独立完成工艺实施过程;
3. 学生根据要求完成纤维素纤维织物染整工艺设计与实施项目。

•引导文

浙江新时代集团公司第三印染厂生产各种纤维素纤维织物。请根据先前的学习任务、训练任务已掌握的知识和积累的经验,编制纤维素纤维制品染整工艺设计报告。

• **基本要求**

1. 分组讨论、确认和实施本项目设计方案；
2. 写出产品加工的工艺流程，列出主要的工艺设备；
3. 简述工艺流程中的主要工艺条件和工艺配方；
4. 各小组用课外时间编写项目报告，注明主要检测项目；
5. 粘贴检测小样和各工序小样；
6. 分组汇报项目成果，通过小组互评和教师点评实现课程考核。

• **可供选择的题目**

1. 纯棉细平布半漂产品工艺制定与实施；
2. 纯棉深色府绸染整工艺制定与实施；
3. 纯棉浅色纱卡染整工艺制定与实施；
4. 纯棉纱线染整工艺制定与实施；
5. 纯棉磨毛产品染整工艺制定与实施。

✻ 知识拓展

Lyocell 纤维织物染整加工设备的选择

普通型 Lyocell 纤维织物之间、织物与设备内壁之间于湿状态下摩擦可产生大量微纤，这个过程被称做 Lyocell 纤维的表面原纤化。普通型 Lyocell 纤维原纤化后可在织物表面产生具有特殊手感的绒毛，其颜色较浅，视觉上呈现灰旧的水洗效果。若不能有效控制原纤化过程，Lyocell 纤维织物加工会产生大量问题。工艺路线决定加工设备，有效选择 Lyocell 纤维制品的加工设备，对于稳定和提高产品质量具有重要作用。由于 Lyocell 纤维具有原纤化趋势而使产品单位面积的平方米重降低，所以，坯布中 Lyocell 纤维含量通常超过 40%。一般情况下，普通型 Lyocell 纤维制品经染整加工后 Lyocell 纤维的减量率不超过 5%，若超过 5% 后，其制品的强力将会出现明显下降，交联型 Lyocell 纤维的减量率不超过 2%。

1. 常规工艺的产品特点

常见的 Lyocell 纤维织物加工工艺有以下几种：间歇式平幅卷状加工、间歇式绳状加工和连续式平幅加工。上述各工艺主要特点见表 2-6。

表 2-6　不同加工工艺的产品特点

加工工艺	间歇式平幅卷状加工	间歇式绳状加工	连续式平幅加工
主要特点	适合小批量多品种的市场需求 织物缺乏蓬松感 织物表面桃皮绒风格不充分 产品质量较稳定 后续洗涤时织物表面易产生长毛绒和擦伤现象	适合小批量多品种的市场需求 织物手感蓬松 织物表面桃皮绒风格充分 表面不均匀擦伤导致成品正品率偏低 成衣在后续洗涤中质量稳定	加工效率较高 织物缺乏蓬松感 织物表面桃皮绒风格不充分 产品质量较稳定 后续洗涤时织物表面易产生长毛绒和擦伤现象

无论哪一种加工工艺，都包含前处理、染色和后整理这三个阶段。通用的工艺流程如下：

备布→烧毛→初级原纤化→生物酶抛光→水洗→(烘干)→染色→烘干→定形→干式拍打→检验包装

从备布到染色前的水洗通常为前处理阶段，从染色以后的烘干到检验包装属于后整理阶段。而看似简单的染色阶段却经常由于加工不当产生二次原纤化现象，最终导致后续的干式拍打加工时间过长。由于纤维的初级原纤化在前处理阶段，所以前处理阶段的加工难度往往较大。若水洗后直接染色，可省去第一次烘干。但实际加工中大多数工厂都采用专用染色设备完成染色加工，因此，染色之前的烘干必不可少。对于绳状加工工艺而言，为提高烘干效率，也可考虑采用离心脱水机脱水的加工方式。脱水时间过长，脱水机内产品加入量过大，都可能在普通型 Lyocell 纤维织物表面产生擦伤。在烘干机前端使用真空吸水装置，可以提高各种 Lyocell 纤维织物的染整加工效率。产品平幅进入真空吸水机，不仅可提高吸水效率，还可提高产品加工质量。通常采用直辊扩幅装置提高织物平整程度。直辊扩幅装置的转速适中、表面光洁，对减少和避免织物表面擦伤有积极作用。

2. 备布加工对设备的要求

Lyocell 纤维织物在空气中可吸收水分，若匹状储存，折痕处吸水偏多会导致初级原纤化的不均匀，因此坯布卷装可最大限度地提高产品质量。

3. 烧毛加工对设备的要求

染厂通常选用气体烧毛机对 Lyocell 纤维织物进行烧毛加工。Lyocell 纤维织物烧毛后不打卷而用布车以折叠方式存放，很容易因喷水灭火而造成织物湿状态下的初级原纤化不均匀。若烧毛后存放时间过长，会因织物局部水分蒸发过快而导致折痕处出现明显的“停车挡”现象。为避免烧毛后织物出现“停车挡”，可采用打卷或干法灭火方式。

烧毛时须经常检查坯布表面整体状态，避免织物表面产生烧毛痕。烧毛痕的产生主要是由于火口喷火不匀或刷毛不匀造成的。火口变形是引起烧毛痕的主要原因，刷毛辊转速过快或刷毛辊局部毛刷硬度偏高是造成烧毛痕的次要原因。再次，烧毛机扩幅辊和导布辊表面出现毛刺，也容易引起织物表面的局部拉毛现象，最终导致烧毛不匀而产生烧毛痕。烧毛不匀现象在加工前期较难通过检验方式发现。当完成全部加工后发现成品表面出现烧毛不均匀现象以后，通常再用色布烧毛的加工方法来补救。成品的颜色越深，烧毛后颜色变化越大。因此，加强烧毛工序质量控制，尽量避免成品烧毛，是稳定和提高产品质量的前提。

4. 初级原纤化与抛光加工对设备的要求

一般情况下，在 pH 值为 5.5、55℃、55min 的工艺条件下，加入 2%(owf) 的纤维素酶，就可以较好地去除 Lyocell 纤维因初级原纤化而产生的表面绒毛。抛光时随时检查织物强力非常必要。交联型 Lyocell 纤维可采用平幅或绳状加工设备完成初级原纤化和抛光加工。相对缓和的工艺条件可以降低产品初级原纤化程度，保持表面光洁。而普通型 Lyocell 纤维的初级原纤化和抛光宜在绳状循环的加工设备内完成。加工真丝织物的“拉缸”、国产与进口的各种气流染色机和气流式柔软机，都可用来完成普通型 Lyocell 纤维制品的初级原纤化和生物酶抛光加工。相比较而言，用法国 ICBT 公司生产的双筒式 M2 型气流式柔软机完成上述工序的加工，其效率更高。用加工真丝的“拉缸”完成上述加工，由于设备容量有限，往往产品质量的稳定性较差。普通的喷射溢流染色机只适合于轻薄型 Lyocell 纤维制品的上述加工，且 O 型缸好于 J 型缸。降低喷嘴压力，更换大口径喷嘴，可以提高喷射溢流染色机进行初级原纤化和抛光加工的加工质量。及时更换过滤网，清除和收集过滤网上的纤维，对于提高产品加工质量至关重要。充分的初级原纤化和有效的生物酶抛光加工，可明显降低普通型 Lyocell 纤维制品在染色时产生的二次原纤化趋势。

5. 染色加工对设备的要求

为降低 Lyocell 纤维制品染色时产生二次原纤化现象，采用各种平幅染色设备十分必要。低摩擦和小浴比是气流染色机的主要特点，它可以明显地提高普通型 Lyocell 纤维制品的染色质量，降低产品的综合加工成本。对于普通型 Lyocell 纤维制品而言，气流式染色机是首选的染色设备。立信、博森、邵阳等公司出品的气流染色机完全可以达到相同类型进口气流染色机的加工水平。若工厂内气流柔软机台数较多，也可考虑用其完成普通型 Lyocell 纤维制品的染色加工。如前所述，用来加工真丝的“拉缸”、喷色溢流型的 O 型缸和 J 型缸，也可用来加工 Lyocell 纤维制品。通常，小批量交联型 Lyocell 纤维制品的染色加工以平幅卷染为主，普通型 Lyocell 纤维制品的染色以绳状加工居多。大批量的交联型 Lyocell 纤维制品的染色加也可采用长车轧染加工方式。作为小批量多品种产品的重要补充加工方式，冷轧堆染色特别适合于浅色和鲜艳颜色的产品加工。

绳状染色加工 Lyocell 纤维制品，可以明显改善产品手感，增加染色过程的均匀覆盖程度，产品更加蓬松，悬垂性和飘逸性可以得到完美的统一。同时还可以缩短干式拍打的加工时间，进一步完善和均匀织物表面的桃皮绒风格。Lyocell 纤维制品在染色中的二次原纤化现象越严重，干式拍打加工时间就越长。由此，成品织物与客户来样的颜色偏差就可能越大。因此，通过充分的初级原纤化和生物酶抛光，采用平幅染色机或气流染色机尽可能地降低产品的二次原纤化现象，是非常必要的。

适合于加工真丝织物的“拉缸”，在加工 Lyocell 纤维制品时要求坯布平方米重不可过高，否则易在织物表面产生擦伤现象。采用双管“拉缸”加工普通型 Lyocell 纤维制品，其效果好于四管“拉缸”。拉缸中“翻板”的表面光洁性对织物表面产生擦伤影响巨大。

6. 烘干加工对设备的要求

采用松式烘干设备是保持和改善 Lyocell 纤维制品手感的必要措施。保持松式烘干设备的清洁性可避免产品之间的沾色。保持产品烘干后的平整，避免产品烘干后表面温度过高，适当保持产品烘干后的含潮率，对于稳定产品质量，保持产品手感，十分重要。

7. 定形加工对设备的要求

采用针板定形机，通过热风拉幅定形是 Lyocell 纤维制品成品定形的主要加工方式。适当降低成品定形加工中的经向张力，通过超喂装置调整产品的经向缩率，可以进一步保持和改善织物手感。如果成品定形时织物表面不够平整或经向张力过大，就会明显降低后续干式拍打的加工效率。在成品定形时可对产品进行柔软整理和树脂整理。为降低光洁型 Lyocell 纤维制品在服用过程中产生后续原纤化现象，通常需要对此类产品进行树脂整理。为进一步改善桃皮绒风格产品的手感，通常在成品定形时进行柔软整理。为提高各种整理的加工质量，保持定形机前端大轧车轧辊表面的平整和清洁，保持织物表面整理剂的均匀，是提高各种整理加工质量的前提。避免落布时织物表面温度过高，采用大卷装落布方式，都可避免织物表面产生折痕。定形机烘房内热风循环不充分、定形温度过高、定形机长度不够、定形车速过快等，都会影响成品质量。

8. 干式拍打对设备的要求

Lyocell 纤维制品的干式拍打也叫做抛松，可在气流式柔软机内或气流式染色机内完成。通过干式拍打，织物与织物之间、织物与加工设备内壁之间发生充分的摩擦，可以磨断织物表面经初始原纤化和酶处理没有处理掉以及二次原纤化重新产生的相对较长的表面绒毛。沈阳产的气流式柔软机与进口设备相比，除占地面积较大以外，加工效果无明显区别。用气流式柔软机加工产品时，可通过加入适量湿热蒸汽来提高加工效率。及时清理过滤网内的绒毛，可提高产品加工质量。在没有气流式柔软机的前提下，可用气流式染色机或其他绳状加工设备完成对 Lyocell 纤维制品的干式拍打。保持这些设备内部的清洁性和干燥性，是保证产品加工质量的基本前提。应当特别引起注意的是，用普通绳状染色设备进行 Lyocell 纤维制品的干式拍打时，必须最大限度地扩大设备喷嘴的口径，否则易产生新的表面擦伤或折痕，严重影响成品质量。

为改善光洁型产品手感，同时防止其表面出现大量毛羽，可以考虑通过橡胶毯预缩机完成交联型 Lyocell 纤维制品的预缩加工。光洁型针织产品的手感加工也可考虑采用针板定形机和阻尼式预缩机协同完成。

9. Lyocell 纤维织物加工设备选择总结

表 2－7 中列出了不同 Lyocell 纤维织物在加工中可供选择的设备组合。

表 2－7 Lyocell 纤维制品加工的设备组合

序号	产品加工特点	最常见的加工设备组合	说　明
1	光洁型平幅	平幅退卷机、气体烧毛机、低张力常温平幅卷染机或连续轧染染色机、出布卷轴或布车、松式烘干机、树脂整理机、针板定形机、气流柔软机或预缩机	经树脂整理和预缩机预缩，改善织物手感效果有限。此类产品织物密度越高，纱线越粗，产品悬垂性有增加，但织物手感较差。针织物手感较好
2	光洁型绳状	平幅退卷机、气体烧毛机、气流染色机、出布车、松式烘干机、树脂整理机、针板定形机、气流柔软机或预缩机	采用气流染色机可最大限度地避免织物原纤化；采用真空吸水和松式烘干可进一步提高加工效率和质量
3	桃皮绒风格平幅	平幅退卷机、气体烧毛机、低张力常温平幅卷染机或连续轧染染色机、出布卷轴或布车、松式烘干机、针板定形机、气流柔软机或其他绳状循环加工设备	可实现大批量加工，工艺稳定，颜色和手感差别较小。连续轧染设备和连续水洗、烘干设备的调整至关重要。织物手感一般
4	桃皮绒风格绳状	平幅退卷机、气体烧毛机、真丝染色机、溢流染色机、气流染色机、出布布车、离心脱水机、松式烘干机、针板定形机、气流柔软机或其他绳状循环加工设备	加工难度较大，工艺控制要求较高，批量生产较困难。在手感和颜色控制方面，缸差控制是关键。柔软整理剂添加过量后会影响抛松效果

光洁型产品对加工设备要求相对较低。桃皮绒风格产品加工的重点工序为初级原纤化、染色和抛松,因此,绳状加工中上述三个工序的设备选择尤为重要。具有代表性的加工设备组合见表2-8。

表2-8　加工设备组合

序号	产品加工特点	关键工序	国产设备	进口设备	代表性染厂
1	光洁型平幅	抛松	沈阳华宝气流柔软机 普通旋转松式烘干机	ICBT的M2 Biancalani的Aieo1000 Kranze的Aero-dye	山东滨州 华纺股份有限公司
2	光洁型绳状	染色	深圳立信气流染色机 博森气流染色机 湖南邵阳气流染色机	德国THEN的AF 德国THIES的Luft-roto和TRD ICBT的Alizee Kranze的Aero-dye	杭州长江实业有限公司 浙江恒逸新合纤面料开发股份有限公司
3	光洁型绳状	烘干	普通旋转松式烘干机	Biancalani的Aieo1000	浙江恒逸新合纤面料 开发股份有限公司
	光洁型绳状	抛松	普通旋转松式烘干机	ICBT的M2	浙江恒逸新合纤面料 开发股份有限公司
4	桃皮绒风格平幅	烘干	普通旋转松式烘干机	ICBT的M2	浙江恒逸新合纤面料 开发股份有限公司
5	桃皮绒风格绳状	原纤化	沈阳华宝气流柔软机 用于真丝加工的拉缸 大喷嘴溢流染色机	ICBT的M2	浙江恒逸新合纤面料 开发股份有限公司
6	桃皮绒风格绳状	染色	深圳立信气流染色机 博森气流染色机 湖南邵阳气流染色机	德国THEN的AF及AFS; 德国THIES的Airstrecm及Toto-Tumbler; Biancalani的Aieo1000	无锡技立印染有限公司 杭州长江实业有限公司 浙江恒逸新合纤面料开发股份有限公司
7	桃皮绒风格绳状	抛松	沈阳华宝气流柔软机 用于真丝加工的拉缸 大喷嘴溢流染色机	ICBT的M2; Biancalani的Aieo1000; 上述其他类型的气流染色机	无锡技立印染有限公司 杭州长江实业有限公司 浙江恒逸新合纤面料 开发股份有限公司

根据Lyocell纤维制品的加工工艺选择合适的加工设备,是保证产品质量的前提。在实践中严格控制工艺参数,不断总结,不断完善,可以用国产设备加工出符合客户要求的Lyocell纤维制品。而尽可能选择专用设备也可以进一步稳定和提高产品质量。

思考题

1. 散纤维染整加工和纱线染整加工工艺制定有什么主要区别?
2. 以纯棉纱线为典型产品,讲解其全部染整加工工艺流程及设备选择。
3. 纯棉机织物前处理工艺流程如何?
4. 纯棉机织物染色工艺流程如何?
5. 直接染料、活性染料、硫化染料和还原染料染棉有何异同点?
6. 棉织物卷染、浸染和轧染的主要特点是什么?
7. 棉织物练漂工艺的发展趋势如何?
8. 如何提高棉织物染色牢度?
9. 棉织物后整理主要包括哪些项目?
10. 以纯棉纱卡为例,讲解棉织物染整加工方法。
11. 列表比较纯棉和黏胶纤维织物染整加工的主要异同点。
12. 针织物主要包括哪些产品?
13. 针织物和机织物的主要区别有哪些?
14. 针织物和机织物染整工艺的主要区别如何?
15. 针织物染整加工对设备要求如何?
16. 以纯棉汗布为例,讲解其染整加工的基本方法和过程。
17. 如何提高针织产品的尺寸稳定性?

情境3　蛋白质纤维纺织物染整工艺设计

✲ 学习目标

1. 通过学习了解蛋白质纤维纺织物染整加工工艺设计的基本要求；
2. 能准确描述蛋白质纤维纺织物的基本规格；
3. 学会设计常见的蛋白质纤维纺织物的染整加工工艺；
4. 学会选择常见的蛋白质纤维纺织物的染整加工设备。

✲ 案例导入

江苏澳洋集团面料分公司接到一批精纺呢绒面料染整加工的外贸订单。客户要求产品表面光洁，缩水率在4%以内，染色牢度在4级以上，符合生态纺织品安全标准。为满足客户要求，面料分公司生产技术主管会同企业内部相关人员及时制定了该批产品的内控技术标准，在工艺流程制定与执行、工艺条件检查和产品工序检验等诸多方面加强品质控制。产品交货时经第三方检测，完全符合客户要求。

任务3－1　蛋白质纤维纺织物特征及规格

学习任务3－1　蛋白质纤维纺织物特征描述

•知识点

(1)了解蛋白质纤维纺织物的分类；

(2)了解蛋白质纤维纺织物的鉴别方法；

(3)了解蛋白质纤维纺织物的规格表示方法。

•技能点

(1)准确区分常见蛋白质纤维纺织物；

(2)鉴别羊毛和真丝纺织物；

(3)准确描述蛋白质纤维纺织物基本规格。

•相关知识

1. 蛋白质纤维分类

蛋白质纤维主要包括动物蛋白纤维和植物蛋白纤维。动物蛋白纤维主要有羊毛、蚕丝、驼毛和兔毛,而牛奶纤维则属于新型动物纤维,植物蛋白纤维有大豆纤维。

2. 蛋白质纤维纺织物分类

以蛋白质纤维的面料为例,毛织物主要包括精纺呢绒和粗纺毛呢,丝织物主要包括真丝织物和绢纺产品。若按织造方式和组织结构的不同,真丝织物主要分为纺、绸、纱、绫、缎、绉、绢、绡、绨、葛,而毛织物主要分为粗纺毛织物和精纺毛织物两大类。

3. 蛋白质纤维纺织物的鉴别

羊毛纤维着火后,一面徐徐冒烟,一面燃烧,燃烧时有烧毛发、指甲的臭味,离开火焰后继续燃烧,偶尔会自己熄灭。蚕丝燃烧缓慢,着火后会缩成一团,伴有毛发或指甲燃烧的臭味。灰烬为黑色小球,用手指轻压即碎。在分析蛋白质纤维纺织物时,有时可能因为织物属于混纺或交织产品,所以,面料的最终属性需要综合分析判断。

4. 蛋白质纤维的规格表示方法

羊毛纤维规格的表示方法有别于普通棉纱,通常用公支数表示。

公支是一种定重制的单位,它是指1g纱所具有的长度米数。如重量为1g的纱线其长度为100m,则该纱的公支数即为100公支;若长度为50m,则纱支即为50公支。公支的数值与纱线的粗细呈反比,公支值越高,纱线越细,反之则粗。绢丝、紬丝、羊毛均用公支表示。

英支和公支都是用定重制表示纱线粗细的方法,而特克斯则属于用定长制表示纱线粗细的方法。如前所述,英支是表示纤维粗细的非国际单位制,1英支纱线的线密度相当于590.5tex。通过公支的基本定义可以换算出,100公支的线密度,相当于10tex粗细的纱线。表3-1中给出了纱线纤度之间的换算关系。

表3-1 纺织纤维线密度与纤度、公制支数、英制支数之间的换算关系

线密度(Tex)	纤度 旦(尼尔)	公制支数(公支)	英制支数(英支)	线密度(Tex)	纤度 旦(尼尔)	公制支数(公支)	英制支数(英支)
1.111	10	900	531.5	8.333	75	120	70.9
2.222	20	450	265.7	10.00	90	100	59.1
3.338	30	300	177.2	11.11	100	90	53.1
4.000	36	250	147.6	13.33	120	75	44.3
4.444	40	225	132.9	16.67	150	60	35.4
5.000	45	200	118.1	22.22	200	45	26.6
5.556	50	180	106.3	25.00	225	40	23.6
6.667	60	150	88.6	100	900	10	5.9

5. 蛋白质纤维织物规格

毛织物的规格描述与此前所了解的其他织物的描述方法基本类似,所不同的是羊毛的粗细程度用公支表示。经纬密度和门幅的表示方法与棉织物或化纤织物的表示方法完全相同。

丝织物与毛织物一样,都属于高档纺织品。单位长度上所含有的真丝的重量同样可以表述丝织物的基本规格。通常用单位长度内丝织产品含有真丝原料的多少,来表示丝织产品的基本

规格。这样的表述单位叫做“姆米”。

姆米的基本含义是：宽1英寸、长25码的真丝织物，若其重量为2/3日钱，则该织物单位面积上的重量为1姆米，记作1m/m。因为：

$$1\text{日钱}=3.75g$$
$$2/3\text{日钱}=2.5g$$
$$1\text{英寸}=0.0254m$$
$$1\text{码}=0.9144m$$

所以有：

$$0.0254m\times25y\times0.9144m/y=0.58064m^2$$
$$1m/m=2.5g\div0.58064m2=4.3056g/m^2$$

也就是说，对于真丝产品而言，当每平方米的真丝用量为4.3g时，该产品的厚度即为1姆米，可记作1m/m。通常，真丝织物的厚度在40~60m/m之间，过于轻薄或过于厚重，都会影响产品风格。

训练任务3-1　丝织物和毛织物规格测量

•目的

通过训练，了解蛋白质纤维纺织物基本规格的测量方法。

•过程记录

1. 试样织物燃烧后的基本状态是________；
2. 试样织物的原料属性是________；
3. 被测试样织物纱线长度分别为________、________、________、________、________；
4. 被测织物的纱线总长度________；
5. 被测织物的纱线总重量为________；
6. 被测纱线的线密度是________；
7. 被测试样织物中每厘米的经纱数量是________；
8. 被测试样织物中每厘米的纬纱数量是________；
9. 被测试样织物经纬密分别为________；
10. 被测试样织物的风格描述为________；
11. 粘贴测量试样，并作简略说明。

任务3-2　丝织物染整工艺设计

学习任务3-2　丝织物染整工艺流程设计

•知识点

通过学习了解丝织物染整工艺设计基本要求。

• **技能点**

通过训练提高学生设计丝织物染整工艺的基本能力。

• **相关知识**

1. 丝织物主要产品特点及染整工艺流程

真丝绸织物轻盈飘逸、亮丽细腻，手感柔软滑爽、吸湿透气、穿着舒适，是高贵纺织品的象征。真丝绸织物常见的品种有桑蚕丝的乔其纱、洋纺、绢纺、电力纺、绉类、绸类、缎类等。真丝绸织物在进行染整加工前一般都要进行精练，精练后的丝织物经染色或印花等加工制成服装面料，用于加工成婚纱、晚礼服等时尚休闲的高档服装。由于真丝绸织物比较轻薄娇嫩，且价格昂贵，所以在生产过程中一定要注意倍加珍惜，尤其是在加工过程中要根据客户要求进行生产，一旦成品有质量问题将会给工厂带来很大的损失。

(1)浅地印花顺纡绉

①产品风格特点。织物比较轻薄，根据姆米数的不同而绉感有所区别，手感略显粗糙，一般适用于制作裙装的面料。

②工艺流程。坯布准备→精练→染色→印花→整理→检验与包装

(2)真丝印花双绉

①产品风格特点。属于平纹织物，一般在进行精练处理时织物起绉，经染色或印花及后整理后成为最终成品，多用于制作礼服、上衣等。

②工艺流程。坯布准备→精练→印花→整理→检验与包装

(3)练白印花重绉

①产品风格特点。本产品基本组织为平纹呢地，为绉类中最厚重的织物，一般加工成练白印花产品。

②工艺流程。坯布准备→精练→印花→整理→检验与包装

(4)01 真丝印花乔其

①产品风格特点。织物基本组织是平纹，与顺纡绉一样比较薄，后整理的柔软处理要做好，否则手感不好。

②工艺流程。坯布准备→精练→印花→整理→检验与包装

(5)03 真丝拔染印花乔其

①产品风格特点。与 01 乔其相似，但 03 乔其比 01 乔其质地要厚，姆米数高。

②工艺流程。坯布准备→精练→染色→印花→整理→检验与包装

(6)654 印花素绉缎

①产品风格特点。本产品为五枚缎纹组织，织物表面一面比较光滑，一面比较粗糙，一般被用作婚纱服装为多。

②工艺流程。坯布准备→精练→印花→整理→检验与包装

(7)656 浅地印花素绉缎

①产品风格特点。与 654 素绉缎差不多，都要经过练、染、印及后处理。

②工艺流程。坯布准备→精练→染色→印花→整理→检验与包装

(8)浅地印花双宫绸

①产品风格特点。织物组织结构为平纹组织,属于绸类。后处理一般不需要定形处理,直接经过呢毯机就可以了,其门幅一般都为自然门幅。

②工艺流程。坯布准备→精练→染色→印花→整理→检验与包装

(9)真丝染色电力纺

①产品风格特点。基本组织结构为平纹,绸面比较光滑,手感比较柔软,多用于服装里料。

②工艺流程。坯布准备→精练→染色→整理→检验与包装

(10)印花丝锦纺

①产品风格特点。本产品为交织丝织品,平纹组织结构。由于混纺织物有特殊的特性,现正越来越受到人们的重视。

②工艺流程。坯布准备→精练→印花→整理→检验与包装

2. 拔染印花乔其产品染整工艺设计

(1)产品风格与特点

产品吸湿透气、手感柔软轻盈、蓬松细腻、厚实丰满而富有弹性。

(2)工艺流程

坯布准备→精练→染色→印花→整理→检验与包装

(3)工艺内容

①坯布准备。

A. 坯布检验:对坯布进行物理指标和外观疵点检验,发现外观疵点等问题,及时采取措施解决。

B. 坯布规格:门幅113~114cm,经密402根/10cm,纬密346根/10cm,平方米重$52g/m^2$,姆米数12m/m。

②精练。

A. 目的:真丝绸精练的目的主要是脱除丝胶,使织物具有洁白的外观,柔软的手感和良好的渗透性,为以后的染色或印花加工提供优质的练白绸。

B. 精练方法:采用练槽挂练,合成洗涤剂—碱法精练。以合成洗涤剂和碱剂为主要精练剂,合成洗涤剂应采用性能较好的209洗涤剂、613洗涤剂、WA分散剂、WA—Y分散剂等,精练后的织物毛细效应和白度好,能减轻泛黄程度,但手感略显粗糙。

C. 工艺流程:练前准备→精练(预处理、精练)→碱洗→水洗

D. 工艺处方:

预处理:

烧碱	0.5g/L

精练:

纯碱	0.65 g/L
肥皂	3.7 g/L

洗涤剂 0.5g/L

保险粉 0.15 g/L

碱洗：

纯碱 0.45 g/L

工艺条件：

浴比 1∶30～40

预处理 室温、30min（操作2次）

精练 98℃、60min（操作3次）

碱洗 80℃、10min（操作1次）

水洗 40℃、10min（操作1次）

室温水洗 10min（操作1次）

精练常见疵点及其防治方法见表3－2。

表3－2 精练常见疵点及其防治方法

疵点	疵点形态	产生原因	防治方法
灰伤	织物表面纤维受伤、起毛	精练时间过长，圈码坯绸易造成内外层精练不匀；练液沸腾过剧，造成织物与织物、织物与槽壁间的摩擦；练后操作不慎，造成擦毛	合理掌握练槽容量，以免相互倾轧造成摩擦；合理确定精练工艺，尽量用间接蒸汽加热
打卷皱	经向显皱印	轧水打卷起皱	适当控制进绸张力，进绸要平整，织物放入水槽内要摊平浸没
练皱	织物不钉线一边有较大面积皱印	练槽底部蒸汽过大，将坯绸冲起。薄织物容易产生	严格掌握练槽底部蒸汽大小

③染色。本产品采用绳状染色机染色，织物以绳状的形态被椭圆形滚筒（六角盘）带动，在染液中呈S型折叠运行，为松式循环染色，织物的透染性较好，绸面较为丰满。

A. 染色工艺流程：打小样→前准备→前处理→染色→后处理→固色

B. 染色工艺说明：

a. 打小样：织物在批量染色之前要进行小样染色，以确定染色工艺。

b. 前准备：根据色种、加工数量或重量配桶，一般14匹为一桶，配好桶的练白绸两头要对齐缝接。

c. 前处理工艺处方及工艺条件：

平平加O 0.3g/L

冰醋酸 0.5mL/L

浴比 1∶50

时间 15min

温度 60℃

d. 染色工艺处方及工艺条件：

直接蓝 B2RL　2.65%(owf)
直接元 2V　1.80%(owf)
元明粉　3g/L
平平加 O　0.3g/L
浴比　1:50
升温时间　40min
保温时间　30min
保温温度　90℃

e. 固色工艺处方及工艺条件：

固色剂　4%(owf)
冰醋酸　0.2mL/L
平平加 O　0.1 g/L
浴比　1:50
温度　室温
时间　30min

染色常见疵点及其防治方法见表3-3。

表3-3　染色常见疵点及其防治方法

疵点分析	疵点形态	产 生 原 因	防 治 方 法
皱印	布面有长条皱印	染色数量过多或织物缠绕打结；浴比太小，高温染色时间太长或高温突然冷却	应控制好染色浴比，一般以1:50较好；染色时间要适当，水洗要慢慢冷却；在操作过程中织物不能缠绕打结或绕在转盘上；脱水时间不能太长
色花色泽不匀色柳	布面颜色、光泽不一致	染色或水洗水量太小；升温太快，中途加料或促染时温度太高；冰醋酸没有稀释加入；染料拼用不合理，助剂选择不当，不同纤维吸色不一致	染色和水洗水位不能太低；染色升温不能太快；中途加料或促染要控制好温度，缓慢加入；选择上染率相近的染料拼色，要逐步升温；选择匀染性较好的助剂
灰伤擦伤	布面上毛毛的一片，布面组织被破坏	坯绸进机运转时挤压严重，绸与绸之间、绸与机械之间摩擦大或长时间高温；织物进缸时手劲儿太重；机械不光滑	进染色机时手劲儿要轻，不能重叠太多；水量不宜过少，染色时间不能太长，温度不宜过高，一般90℃以下较好；尤其是绳状染色，机械表面要光滑，要加入既有匀染又有滑爽性能的匀染剂染色
色差	布匹之间颜色不一致	匹与匹之间的色差，缸与缸之间的浴比不一；称料不准或对色不符造成缸差	尽量选择同一批号或同一练漂缸次，工艺条件要一致，如水洗温度、水量、次数、染色温度、固色剂用量和时间等
染色牢度差	染色牢度不合格	精练质量差，染料选择不当或水洗不足；固色剂用量不够或染色温度太低	要保证精练质量；选择牢度较好的染料，要先小样试验再生产，活性染料要洗净留在产品上的浮色

④印花。印花方法采用平版筛网印花。

A. 工艺流程：图案设计→描黑白搞→绷框→涂感光胶→感光制版→配色打样→调制色浆→印花→蒸化→水洗后处理→烘干整理→检码

B. 印花前准备：

a. 图案设计：精美的印花丝绸织物取决于花样的设计和协调得当的配色。

b. 描黑白稿：描黑白稿是将设计人员设计的精美印花图案或花纹，精确地反映到绸面上，把设计好的彩色图案分色分套用不透光墨汁描绘在透明片基上。

c. 绷框：将丝网（现在一般采用涤纶丝网）通过黏合剂均匀绷紧固定在中空的铝框或钢框架上。

d. 感光制版：感光胶采用重氮盐感光胶，它坚牢性好，操作方便，而且没有铬盐的污染。上感光胶操作在暗室中进行，用不锈钢刮刀将感光胶液来回涂在网反面，要求薄而均匀，上胶以后必须干透才能感光，烘干时间2h，烘箱温度35℃。感光以后要及时用温水浸渍和冲洗显影。为了对感光胶起加固作用，可涂过氯乙烯进行加固，然后用醋酸丁烯溶液慢慢将花纹中的过氯乙烯轻轻擦去，网版的花纹就显示出来了。

e. 配色打样：根据图案设计或来样要求、分色种类和套数，合理选择染料、糊料以及用量进行色浆调制、刮印色标和小样。

C. 印花糊料调制配方：

小麦淀粉	14 kg
水	适量
防腐剂	250mL
合成	100kg

D. 印花用的染化料及助剂：印花助剂有尿素、冰醋酸、草酸、氯化亚锡等。尿素是助溶剂、吸湿剂和纤维的膨化剂；冰醋酸和草酸起抑制氯化亚锡水解作用；氯化亚锡用量由地色深浅来定。工艺处方如下：

染料	x
小麦淀粉糊	70 g
尿素	4 g
氯化亚锡	2.6 g
冰醋酸	1.4 g
草酸	0.5 g
加水合成	100 g

E. 印花后处理：

F. 蒸化：采用长环悬挂连续蒸化机，箱内容绸量200m左右，车速随印花品种和工艺不同可以调节。该机生产效率高，工人劳动强度低，蒸化循环好，发色均匀。

G. 水洗：印花后织物经蒸化，此时大部分染料与丝纤维结合，作为染料传递的糊料和黏着于织物背面的贴绸浆料，必须通过水洗将它们从织物上除去，达到退浆及固色的目的。

印花常见疵点及其防治方法见表3－4。

表3-4　印花常见疵点及其防治方法

疵点分析	产生原因	防治方法
花纹渗化	蒸箱温度太大，吸湿剂用量过多，蒸后绸未冷却就收下堆放	适当调整蒸箱温度，随季节调整吸湿剂用量；蒸后要冷却后才可将绸收下，要洗净才能固色，浅地色要适量减少还原剂用量
拉毛	机印不稳定，台板车速时快时慢，上布与台板不一致	控制车区，时刻注意车速与上布是否一致
色泽深浅	拔印色浆及地色色泽不明显，在刮浆过程中不易发现；印花刮刀口两角度不一致，左右手用力不一致；跳接版干燥程度不一，花版新旧程度不同；锅炉气压不稳定，蒸箱温度掌握不适当；蒸箱挂绸太多，围布太紧	加强印花时的巡回检查，及时发现纠正；刮刀口两角度要一致，左右手用力要均匀；根据台板长度、温度及气候条件，规定跳接版版距，保持干燥一致；同匹织物印花时，中途不可调换新花版；根据品种、花型及气候条件随时调整，保持箱内气压稳定；挂绸要均匀，每箱坯绸容量应按工艺要求

⑤整理。水洗后的印花织物必须进行整理，整理加工主要包括烘燥、拉幅、柔软、防缩、防皱等工序。

⑥检验包装。按国家丝织物检验标准或企业标准检验。

A. 纬向检验：设备为验绸台，台面规定高度0.9m，宽1.2m，长1.5m，靠北窗，距离0.5m，台面光照度为300～500lx，由检验员人工横向半页翻动察看，对织物的俯视角为53°～58°，每分钟翻15页，看光面后再看另一面。

B. 检验内容及标准：满足烫缩率≤2%，门幅为113～114cm。

C. 外观疵点：包括织造疵点和练、染、印、整疵点，按国家标准评定。

D. 包装：平折散装，按要求折好后，外包塑料袋或布包。

整理常见疵点及其防治方法见表3-5。

表3-5　整理常见疵点及其防治方法

疵点分析	产生原因	防治方法
高温变色	染色后水洗不净，烘燥机第一道蒸汽压力过高。绸面有深浅均匀的泛色，呈金属光泽	加强染后水洗，蒸汽压力采取先低后高
纬密不足或过足	纬密不符合成品要求。张力控制不当，加工工艺选择不合理	张力控制符合工艺要求，勤量门幅，合理选择加工工艺
圆花不圆	织物的圆花呈现椭圆形，烘燥张力掌握不当	以花纹呈圆形为标准，掌握烘燥张力
边深浅 正反面深浅	布边色泽浓淡不一，正反面色泽浓淡不一。定形温度与针铗温度相差大，风力不一致	空车运转待针铗温度接近定形温度时开车，上下鼓风机风力调节一致
色泽泛黄 手感发硬	没有严格执行定形工艺条件，随意停车，没有及时观察温度自控情况	严格执行定形工艺条件，不随意停车，按时观察自动控制温度仪运转情况，及时调整温度，经常检查落绸手感
门幅不符	机械故障造成门幅宽窄不一	经常测量门幅，发现机械故障及时停车修理

训练任务3－2　丝织物染整工艺设计

•目的

通过训练强化理解蛋白质纤维纺织物加工流程的基本要求。

•引导文1

杭州丝绸联合练染厂以真丝织物的练漂、染色和印花加工为主,年产量超过5000万米。请根据已经掌握的知识,编制真丝织物加工流程说明。

•引导文2

海安嘉吉练染厂以真丝产品的染整加工为主,年产真丝产品2000万米以上,主要加工真丝练白产品和染色产品。请根据已掌握的知识,编制真丝产品染整加工的工艺条件和工艺配方说明书。

•基本要求

1. 请设计真丝练白加工的工艺流程;
2. 请设计真丝织物染色加工的工艺流程;
3. 请设计真丝织物印花加工的工艺流程;
4. 简述上述工艺各工序的加工注意事项;
5. 下次上课前上交本次训练任务书。

任务3－3　毛织物染整工艺设计

学习任务3－3　毛织物染整工艺设计

•知识点

通过学习了解毛织物染整工艺设计基本要求。

•技能点

通过训练提高学生设计毛织物染整工艺的基本能力。

•相关知识

1. 毛织物染整加工概述

毛织物的整理目的主要包括两个方面,一方面是着重发挥羊毛纤维的固有性能;另一方面是着重赋予羊毛纤维以新的性能。染整加工是毛纺织产品的最后加工阶段,染整加工的质量是决定产品质量的关键。毛纺织产品染整加工过程中影响产品质量的因素很多,主要应注意以下两个方面:第一要了解产品的质量要求和风格特征,制定合理的染整工艺流程和各道工序的工艺条件,选择合适的染化料和加工设备,特别要抓住洗呢、煮呢、缩呢、剪毛、罐蒸等几个重要工序的加工质量;第二要了解纺织原料的性能和纺织加工工艺与染整加工质量的关系,以便在染整加工中充分发挥羊毛的优良特性,根据坯布的情况调整染整加工的工艺参数,保证产品的风格和质量达到要求。精纺毛织物主要产品有全毛绒面花呢、绢/丝花呢、高支康克斯呢、全毛自然弹力花呢、丝/毛哔叽、高支丝/毛防水弹力花呢、全毛华达呢、全毛紧密纺花呢、鸟眼花呢等。

2. 常见毛织物染整工艺流程

(1)全毛绒面花呢。

原布准备→湿水→煮呢→洗呢→吸水→烘呢→缩呢→煮呢→吸水→烘呢→中间检验→熟坯修补→刷毛→剪毛→蒸呢→成品检验

(2)低特(高支)纯毛康克斯呢。

原布准备→煮呢→洗呢→吸水→煮呢→加柔软剂、烘呢→刷毛→烧毛→煮呢→烘呢→中间检验→熟坯修补→刷毛→剪毛→给湿→罐蒸→给湿→电压→烫呢→成品检验

(3)纯毛自然弹力花呢。

原布准备→烧毛→煮呢→洗呢→吸水→煮呢→烘呢→中间检验→熟坯修补→刷毛→剪毛→烘呢(加柔软剂)→中间检验→给湿→罐蒸→给湿→电压→烫呢→成品检验

(4)全毛华达呢。

原布准备→煮呢→染色→吸水→烘呢→中间检验→熟坯修补→刷毛→剪毛→烧毛→煮呢→烘呢(加柔软剂)→中间检验→给湿→罐蒸→烫呢→成品检验

(5)全毛紧密纺花呢。

原布准备→刷毛→烧毛→煮呢→吸水→烘呢→熟坯修补→洗呢→煮呢→烘呢→中间检验→熟坯修补→刷毛→剪毛→煮呢→烘呢→中间检验→特黑整理、烘呢→中间检验→蒸呢→预缩→成品检验

(6)全毛鸟眼花呢。

原布准备→烧毛→煮呢→洗呢→吸水→煮呢→烘呢(加柔软剂)→熟坯修补→刷毛→烧毛→煮呢→烘呢→中间检验→给湿→罐蒸→给湿→电压→熟修→烫呢→成品检验

3. 全毛自然弹力花呢染整工艺设计举例

(1)风格特点。利用羊毛纤维自身有较好弹性的性质,制成的织物纬向具有一定的伸缩性,在一定程度上达到了弹力效果,又不用莱卡包覆纱,从而节省了成本,提高了产品的利润。

(2)工艺流程。原布准备→烧毛→煮呢→洗缩→吸水→煮呢→烘呢→中间检验→熟坯修补→刷毛→剪毛→烘呢(加柔软剂)→中间检验→给湿→罐蒸→给湿→电压→罐蒸→成品检验

(3)工艺内容。

①原布准备。

A. 坯布规格:

经密	371 根/10cm
纬密	364 根/10cm
线密度	13.3tex×2/20tex(75 公支/2×50 公支/1)
平方米重	275g/m^2
门幅	154cm

B. 生坯检验:生坯检验包括物理指标的检验和外观疵点检验。物理指标检验包括测量坯布长度、幅宽、经纬密度、称匹重等。外观疵点检验包括纱疵、织疵、油污斑渍等,发现问题及时采用措施予以解决。

C. 编号:目的在于加强管理,帮助识别每匹织物的类别,每匹织物应建立一张加工记录卡,随工序记载加工情况,发现问题便于分析解决。

D. 修补:为了保证毛纺织品质量,对外观疵点如纱疵、织疵在染整加工前要采取修补措施,修补时一般先修反面,后修正面。

E. 擦油污锈渍:毛织物上沾污的油污斑渍和锈渍要擦洗干净,否则将影响成品质量。

②烧毛。

A. 目的:精纺毛织物经过烧毛,烧去表面的绒毛,使呢面光洁,纹路清晰,产品经烧毛还可以减少起球现象。

B. 影响烧毛的工艺因素:火焰强度和呢速,坯布的平整度,火焰和织物的距离。

C. 工艺内容:车速为90m/min,火口距离为3.5cm,火口只数一正一反。

D. 操作步骤:烧毛对呢料的光洁度有着相当重要的作用,烧毛的效果直接影响到呢料成品的起毛起球现象。应控制好呢速、火口只数和火焰与布面的距离。

烧毛常见疵病及克服方法见表3-6。

表3-6 常见烧毛疵病及克服方法

常见疵病	克服方法
烧毛不匀	烧毛前呢坯要保持均匀的含湿率,控制呢速,呢面与火焰的距离
烧毛条痕	烧毛前呢坯宜叠放整齐,以免部分呢坯被压,进机时以均匀的速度通过火口
烧毛经档	烧毛前呢坯宜叠放整齐,稳定火焰的强度

③煮呢。

A. 目的:毛织物在适当温度的水浴中,在适当的张力和压力下,经一定时间的处理对织物产生定形效果,使织物的呢面平整,有良好手感、光泽、弹性和尺寸稳定性。

B. 影响煮呢的工艺因素:温度、时间、pH值、张力、压力、冷却方式。

C. 工艺内容:

呢速	20m/min
温度	80℃
助剂	15g/L

常见疵病及克服方法见表3-7。

表3-7 常见煮呢疵病及克服方法

常见疵病	克服方法
水印	按产品要求掌握压力、温度,卷绕时张力要均匀
呢面不平整、鸡皮皱、呢面歪斜、折痕等	煮呢时的张力、压力宜适当加大,温度宜偏高些,时间宜长些
搭头印	在缝头前宜将隔码线剪去后再缝接平齐,缝线宽度一般为1.5cm左右,如双槽煮呢通常用手工缝头,保持两头平齐,不重叠地对缝,进机操作进搭头要平伏,较厚实的呢头在浸热水后,并搓揉至软,利于搭头平伏

续表

常见疵病	克服方法
边深浅	上机卷绕时布边要卷齐,保持在一定直线上,有边字的织物,卷绕时可交叉进行,交叉幅宽2~3cm。一般在卷绕完毕后,包布至少应比布边宽8~10cm
沾色头尾差	做好机台清洁工作,经常清洗包布,防止互相沾色

④洗缩。

A. 目的:使织物紧密、手感丰满柔软、表面具有绒毛,达到规定的长度、宽度、单位重量,改善织物的保暖性,美化外观。

B. 工艺因素:要控制好洗缩的工艺条件,主要有缩剂、pH 值、压力、温度。

C. 工艺条件和处方:

油酸皂	4.5%(owf)
209 净洗剂	2%(owf)
力矩	18N·m
辊压	1.5kg
呢速	280m/min
洗缩温度	40℃
洗缩时间	40min
冲洗速度	120m/min
冲洗温度	40℃
冲洗时间	20min

每缸 12 匹,每匹 75.2m。

D. 常见疵点及克服方法:见表3-8。

表3-8 常见洗缩疵病及克服方法

常见疵病	克服方法
绒面不匀	缩呢过程中缩剂加入量适宜,加料时压力要小,加入速度要慢,使缩剂能均匀吸收、渗透。呢坯的湿度要适中,各部分的含湿量、含酸量应一致。缩呢时缝头要平直,不可歪斜
折痕	缩呢过程中的加料要适当,并保持一定的加入速度,使织物含缩剂尽量均匀。缝袋平直,缝头不歪斜,平整不皱折
磨损、缩洞、破边	要求加料适当,呢坯不宜太湿。加料运转均匀后,用手指挤压织物,以表面有一定湿度、出现泡沫为度。如加料过多,可适当挤轧去除缩剂
缩短、斑疵、缩狭幅宽不一	在缩呢时,挡车工要按规定操作,防止缩过头

E. 操作步骤:开车前检查机内的清洁程度,如不符要求,则要重新清洗。整好隔距后开始进布,进布完毕后开始加料,加料时要缓慢加入。以上工作准备就绪,则调整好呢速、时间、压力、开车缩呢。

⑤吸水(开幅)。

A. 目的:去除织物经染色或湿整理后所含的水分,使织物展开,便于下道工序的加工,提高干燥效率,节约能源。

B. 常见疵病:磨损破边、破洞油污色渍、脱水不匀。

C. 克服方法:上机前,要检查脱水机的机体是否光滑,装机要均匀整齐,不能将呢坯互相错乱压紧。脱水加工时,凡接触呢坯的机器零部件、工作台等需保持清洁,特别是匹染织物脱水后,应及时做好各道机器的清洁工作,才可进行浅色织物的脱水。

⑥烘呢。

A. 目的:将织物上的水分烘去,并保持一定的回潮率,同时使布面平整。

B. 影响烘呢的工艺因素:温度、张力和车速,要加以控制。

C. 加柔软剂的方法:把称好的柔软剂用筛网过滤,搅拌约3min,然后用输液泵输至不锈钢箱内待用。轧辊及轧槽要做好清洁工作,然后将不锈钢桶内的柔软剂工作液放入槽内。

D. 易产生的疵点:织物烘干时易产生油污锈渍、风干印、呢面歪斜、边道不齐、织物泛黄等疵点,操作时要加以控制。

E. 工艺条件和处方:烘干定形温度为130℃,开幅161cm,上超喂10%,下超喂8%,下机门幅161~162cm,电刷超喂10%,柔软剂浓度30g/L,室温,一浸一轧。

⑦中间检验。

A. 目的:将湿整理过程中产生的质量问题找出来,从而有针对性地控制质量,防止不合格的半制品流入干整理工序,并通过中间检验及时反馈纺纱和织造过程中产生的疵点。

B. 内容:半成品的规格,如呢坯的长度和门幅,湿整理后的缩率是否符合设计要求,是否有卷边、破边、折痕、断纱、破洞等。

⑧熟修。修去草屑、麻丝和织造过程中产生的一些疵点,如破洞、缺经缺纬等。

⑨刷毛。

A. 目的:将织物上的杂物刷去,防止剪毛时损伤剪毛机或剪毛时损伤呢坯。并使织物表面绒毛直立,利于剪毛匀净,刷毛时开蒸汽可使呢面平整,便于剪毛。

B. 影响因素:刷毛次数、织物的张力、蒸汽量。

C. 工艺要求:一正一反,喷蒸汽要适量。

⑩剪毛。

A. 目的:剪去呢面绒毛,使呢面光洁、纹路清晰,在一定程度上可降低烧毛的强度,不影响织物的手感和颜色。

B. 剪毛机:剪毛单元由平刀、螺旋刀和支呢架组合,三者缺一不可,并需选择最佳位置,才能高效地完成剪毛。

C. 影响剪毛的工艺因素:螺旋刀的转速、呢速、张力、隔距、次数。

D. 工艺内容：呢速15m/min，三正一反，刀口间的隔距大小用两张牛皮纸来调节，以偏紧为宜，剪毛后可使毛织物呢面光洁。

⑪给湿。

A. 目的：毛织物在“罐蒸”和“电压”前经过给湿后，可使毛织物达到一定的回潮率，改善手感和光泽，以提高蒸呢或电压的整理效果。

B. 回潮率要求：毛织物经过给湿，使罐蒸前回潮率达到13% ~16%，电压前回潮率达到16% ~18%。

C. 工艺内容：毛织物通过先给蒸汽，后喷水雾，使回潮率达到规定要求，为使吸收均匀，需要有一定的间歇时间，一般为2~3h。

⑫罐蒸。

A. 目的：罐蒸后毛织物较蒸前不但表面光滑，而且光泽柔和自然，手感较有弹性。为织物的最终成品达到标准回潮率和重量提供了条件。

B. 原理：利用正反交替流向的蒸汽对织物进行处理，消除呢坯中存在的内应力，使毛织物产生一定的定形作用。

C. 影响因素：温度、时间、张力，冷却方式、蒸呢包布。罐蒸温度一般控制在120℃，时间3min，包布张力要较松，可使织物手感柔软，光泽柔和。蒸呢后采用卷轴自然冷却方法，使织物手感丰满、身骨和弹性都较好。

⑬电压。

A. 目的：毛织物经电压后，表面平整光泽好，手感滑润、柔软，并有身骨。

B. 原理：毛织物在含有一定水分的条件下，具有一定的可塑性，电压时纱线易压扁。电压时温度越高，纱线越易变形，光泽越好；电压时压力越高，纱线越易变形，光泽越好。电压时间越长，光泽越好。

电压的不足方面：耗工时多，产量低，光泽持久性差。所以要根据产品和订货要求选择使用。

C. 工艺条件：电压压力为14kPa，电压温度48℃，电压时间40min，冷压时间8h，电压次数两次。

D. 影响因素：电压次数、回潮率、压力、温度和时间。

⑭烫蒸。

A. 目的：经过高温、导带和辊筒之间的轧压，将织物中的纱线压扁。

B. 操作要求：呢速28m/min，温度135℃。绢丝品种经过罐蒸后会变得比较板，这就要通过烫蒸来弥补，特别是轻薄型的春夏面料尤为重要，为了达到较好的穿着效果，所以一定要做烫蒸处理。烫蒸对织物的光泽也有一定的加强作用，烫蒸后的织物质地柔软，轻薄、光泽好。

⑮成品检测。成品的质量指标检测主要有成品的门幅、米重、纤维含量、缩水率、织物强力、起毛起球和脱缝性等，成品检测结果见表3-9。

表 3-9 成品质量指标检测结果

项　目	设 计	实 际	项　目	设 计	实 际
门幅(cm)	154	152.5	经密(根/10cm)	371	373
米重(g/m)	275	267.2	纬密(根/10cm)	364	359
平方米重(g/m^2)	178.6	175.2	经向缩水率(%)	2.5	1.2
纤维含量(%)	毛 100	毛 97.2,嵌线 2.8	纬向缩水率(%)	2	0.5
断裂强力(N)	经向 196	经向 237	回潮率(%)	13.62	12.1
	纬向 196	纬向 223	起球(600 次)	3	4
撕破强力(N)	经向 10	经向 16.7	备注:		
	纬向 10	纬向 10.6			

训练任务 3-3　毛织物染整工艺设计

• **目的**

通过训练,学会编制毛织物工艺条件和工艺处方说明。

• **引导文 1**

江阴海澜集团印染厂年产各种毛纺产品 6000 万米以上,主要分为精纺、粗纺产品的染色和印花。请根据已掌握的知识,编制毛织物加工流程说明。

• **引导文 2**

江阴阳光集团年加工各种规格的精纺呢绒产品 6000 万米以上,主要包括染色织物和色织织物。请根据已掌握的知识,编制精纺呢绒产品染整加工的工艺条件和工艺配方说明书。

• **基本要求**

1. 写出精纺呢绒产品染整工艺流程;
2. 说明上述产品各工序的主要工艺条件;
3. 说明上述产品各工序的主要工艺配方;
4. 粘贴各工序小样;

任务 3-4　蛋白质纤维纺织物染整加工设备选择

学习任务 3-4　蛋白质纤维纺织物染整加工设备选择原则

• **知识点**

通过学习,了解蛋白质纤维纺织物染整设备的选择要求。

• **技能点**

通过训练,能初步选择蛋白质纤维纺织物染整加工设备。

• 相关知识

1. 丝织物染整工艺

(1)精练。真丝织物按织造前蚕丝原料是否经过练染加工分类,主要可分为以下两种,一种是由蚕丝原料经精练(脱胶)、染色后织造成丝织物,也称为熟织物;另一种是用生丝直接织造成丝织物,称为生坯,也是目前最常用的织造方式。生坯绸须经精练(脱胶)后才能进行染色或印花加工,精练工艺主要有以下两种:

①挂练。其是将生坯绸挂于练槽内进行精练,为目前普遍采用的精练方式。挂练属于间歇式加工,操作时劳动强度较大。其工艺流程为:

坯绸检验、退卷→圈码(或折码)→钉襻→穿杆(或挂架)→预处理→初练→复练→热洗→冷洗→(过酸)→脱水(或轧水打卷)→烘干

挂练槽结构简单,常以8~10只挂练槽组成一组,纵向排列。规格根据坯绸幅宽、挂练批量和操作需要而定,一般有以下几种规格(长×宽×高):

23000mm×1200mm×1600mm(坯绸幅宽920mm);

23000mm×1200mm×1800mm(坯绸幅宽1200mm);

23000mm×1200mm×2000mm(坯绸幅宽1400mm)。

②平幅连续精练。采用长环式连续精练机连续精练,精练时间约50min左右,车速约10m/min。由于精练时间比较短,所以须用高效精练剂。平幅连续精练适宜各类真丝织物精练,脱胶较均匀,光泽较好。但织物易擦伤,脱胶程度和白度稍逊于挂练。

(2)染色。真丝织物的染色应根据纤维种类、织物特点和产品质量要求,选用合适的染色设备和染色方法。绸面平整的真丝织物,如平纹、斜纹、缎纹织物以及双绉、斜纹绉、电力纺等织物的印花地色,可采用卷染机进行染色;一些轻薄织物可采用绳状染色机浸染染色;轧卷染色机一般用于绢绸织物的中、浅色染色;连续轧蒸染色机适用于大批量的里子绸等染色。

(3)印花。丝织物印花按照印花工艺分类可分为普通印花和特种印花两大类:

①普通印花。

A.直接印花:坯绸练白或染浅色半制品→筛网印花(烘干)→蒸化→水洗(退浆、固色)→脱水→(开幅)→烘燥→整理

B.拔染印花:精练染色半制品→筛网印花(烘干)→蒸化→水洗(退浆、固色)→脱水→(开幅)→烘燥→整理

C.防印印花:坯绸练白半制品→筛网印花(烘干)→蒸化→水洗(退浆、固色)→脱水→(开幅)→烘燥→整理

②特种印花。

A.烂花印花:烂花印花主要应用在绒类织物上,烂花绒类织物由两种纤维交织而成,地组织一般为耐酸性好的桑蚕丝、锦纶丝或涤纶丝,面组织为耐酸性差的黏胶丝,在一定条件下会被炭化,形成折光明暗度对比强烈、花型凹凸、具有极强立体感的花纹或图案。烂花工艺有:

a.染色烂花工艺:烂花坯布→煮练→染色(染地色)→脱水→排绒→烘干整理→打卷→印色浆、印酸浆→炭化→刷毛→蒸化→水洗→固色、退浆→水洗→脱水→排绒→烘至半干→整理。

b. 烂花染色工艺：烂花坯布→煮练→印酸浆→炭化→水洗→染色→脱水→开幅→缝头→排绒→热风拉幅烘至半干→单辊烘燥机整理。

c. 印花烂花工艺：烂花坯布→煮练→染色→脱水→排绒→拉幅烘干→打卷→印色浆→蒸化→水洗→轻固色→脱水→排绒→烘干→印酸浆→炭化→水洗→固色→脱水→排绒→拉幅烘干→整理。

d. 印经印花：印经织物为丝绸传统品种之一，即将经线（纱）先以纬线假织后在台板上印花，经过后处理，再割去假织纬线，以印花经纱再行织造，可获得具有多彩立体感特殊风格的织物。其工艺流程是：假织纬线织物→印花→蒸化→水洗→脱水→单辊整理机烘干→割假织纬线→织造→整理。

B. 立绒轧花：染色立绒织物经加热轧花辊筒轧压形成具有立体花纹效果的立绒产品。其工艺流程：染色立绒→浸渍防水树脂→烘燥→刷绒→检验→轧花辊热压轧花→焙烘。

C. 静电植绒印花：先用黏合剂在绸面上印制花纹，然后在高压静电场中用黏纤短绒植绒，可获得立体感很强的似绒绣效果的产品。其工艺流程：印黏合胶→静电植绒→预烘→焙烘→刷绒。

③印花设备。

A. 印花：有手工台板印花机、自动平网印花机和圆网印花机。手工台板印花机印制的产品花型生动活泼，线条精细流畅，泥点均匀细腻，层次丰富，配合叠印、防印等工艺，更能表现出真丝织物柔和飘逸、潇洒典雅的独特风格，并且能印制较大花回尺寸的花样，适宜小批量生产，因此目前国内外丝绸印花仍然普遍使用该设备。对于印制批量较大的产品，可按品种和花样要求选用自动平网印花机或圆网印花机。

B. 蒸化：印花后的织物常用圆筒蒸化机或高温常压悬挂式长环蒸化机进行蒸化。圆筒蒸化机（有常压、高压两种）虽属间歇式运转、手工操作，但对品种、工艺适应性较强，更便于小批量生产，设备价格低，为使用较多的一种蒸化机。

悬挂式长环高温常压蒸化机属连续式运转，适宜批量较大的生产。

C. 水洗：蒸化后的水洗对印花成品的色彩鲜艳、白地白度、手感柔软以及富有丝绸天然光泽等效果有着重要影响。水洗设备有绳状水洗设备和平幅水洗设备，绉类、纺类等品种宜采用振荡式或吸鼓式平幅水洗机水洗。

D. 脱水：主要有离心脱水、真空吸水两种脱水方法。

E. 开幅：有手工开幅、半机械半手工开幅和全自动立式退捻开幅吸水等方法。

F. 排绒：排绒机主要由铜丝刷组成，烂花印花时通过铜丝刷进行纬向排绒，使绒毛从左向右顺向一边，以利印花色浆渗透到绒毛根部，保持花型轮廓清晰。

G. 烘燥：普遍采用的是单辊烘燥机，结构简单，织物平挺光滑，习惯又称平光整理机，但属紧式加工。另有圆网热风烘燥机和悬挂式短环、长环热风烘燥机。

④整理。丝织物通过整理可改善成品的手感、弹性、身骨、光泽，或使之具有多种特殊功能。丝织物的化学整理有柔软、防皱、防缩、增重、抗静电等，应根据需要加以选用。丝织物常见的机械整理有拉幅整理、预缩整理和轧光整理等。拉幅整理设备配有自动整纬装置的布铗或针板热

风拉幅机，也有布铗和针板两用热风拉幅机。采用针板热风拉幅机时可利用超喂装置达到预缩效果。也有采用热定形机来进行拉幅整理，起到热风拉幅、仿真丝绸织物的热定形或兼做一些化学整理的焙烘。预缩整理一般采用呢毯整理机。轧光整理通过轧光机轧光使织物表面平滑而富有光泽，常用于绸面不够平挺的织物，如提花织锦一类熟织产品。

2. 根据工艺流程选择丝织物染整加工设备

(1)产品规格描述。蚕丝用大写的英文字母S来表示，经纬向均为44dtex的蚕丝。表示为[S 4.44tex × S 4.44tex/(536根/10cm × 289根/10cm)] × 140cm/145cm。成品门幅为145cm的真丝织物属于宽幅产品。

(2)染整工艺流程。备布→精练→水洗→烘干→卷轴→染色→固色→皂洗→水洗→烘干→定形→检验→包装。

(3)加工设备选择。根据产品规格和工艺流程描述，初步选取的加工设备见表3-10。

表3-10　蚕丝织物加工设备初选

序号	工序	工 艺 要 求	初 选 设 备
1	备布	准确称量坯布重量、检验坯布外观质量	电子地磅、验布机
2	精练	去除丝胶和纤维表面杂质	吊练槽、平幅卷染机
3	水洗	去除精练后的表面残留杂质	平幅水洗机、平幅卷染机
4	烘干	去除练白织物上的多余水分	松式烘干机
5	卷轴	为平幅染色加工做准备	卷轴机
6	染色	使真丝纤维上色	经轴染色机 筒纱染色机 气流染色机
7	固色	提高染色牢度	同染色设备
8	皂洗	提高染色牢度	同染色设备
9	水洗	提高染色牢度	同染色设备
10	烘干	去除织物上的水分，提高定性效率	松式烘干机
11	定形	稳定织物尺寸，保持织物表面平整	针板定形机、布铗定形机
12	检验	检验产品外观质量	验布机
13	包装	打卷、打包，便于批量运输	打卷机、打包机

将表3-10中的相关信息整理后可得表3-11。表3-11中讨论了关键设备选择的依据。

表3-11　蚕丝织物加工设备选择

序号	工序	设备名称	设 备 特 点	选择结果
1	备布	电子地磅	称量精确、操作方便	电子地磅
		验布机	操作方便、生产效率高	验布机

续表

序号	工序	设备名称	设备特点	选择结果
2	精练	吊练槽	操作方便、投入较低、便于控制产品质量	吊练槽
		平幅卷染机	省水、加工张力较大、工艺时间长	
3	水洗	平幅水洗机	洗涤效果好、加工张力较大	吊练槽
		平幅卷染机	加工批量小、张力较大、省水	
		吊练槽	加工批量大、操作方便	
4	烘干	松式烘干机	加工张力小、生产效率高	松式烘干机
5	卷轴	卷轴机	张力均匀、布卷平整	卷轴机
6	染色	经轴染色机	加工批量较小、占地面积较大	气流染色机
		筒纱染色机	必须配备操作台	
		气流染色机	省水、颜色均匀、手感蓬松、设备价格高	
7	固色	同染色设备	省水、手感蓬松、设备价格高	气流染色机
8	皂洗			
9	水洗			
10	烘干	松式烘干机	加工张力小、生产效率高	松式烘干机
11	定形	针板定形机	操作简单、生产效率高、织物手感好	针板定形机
12	检验	验布机	操作简单、占地小、效率高	验布机
13	包装	打卷机	操作简单、占地小、成本低、效率高	打卷机
		打包机	操作简单、占地小、成本低、效率高	打包机

3. 根据工艺流程选择毛织物染整加工设备

(1)全毛华达呢规格。

经密 346 根/10cm

纬密 330 根/10cm

线密度 12.5tex×2/20tex(80 公支/2×50 公支/1)

平方米重 $288g/m^2$

门幅 161cm

(2)工艺流程。原布准备→煮呢→染色→吸水→烘呢→中间检验→熟坯修补→刷毛→剪毛→烧毛→煮呢→烘呢(加柔软剂)→中检→给湿→罐蒸→烫呢→成品检验。

(3)加工设备选择。根据上述工艺流程,全毛精纺华达呢加工设备选择结果见表 3-12。

表 3-12 全毛精纺华达呢加工设备初选

序号	工序	工艺要求	初选设备
1	备布	检验、修整、称量坯布	验布机、电子地磅

续表

序号	工序	工 艺 要 求	初 选 设 备
2	煮呢	稳定产品尺寸	煮呢机
3	染色	使纤维上色	溢流染色机
4	吸水	去除织物上多余水分	离心脱水机
5	烘呢	烘除织物上水分,稳定织物尺寸	松式烘干机
6	中间检验	检验前道工序加工质量	验布机
7	熟坯修补	修检已经发现的各种疵点	验布机
8	刷毛	刷除织物表面杂质,提高剪毛效率	刷毛机
9	剪毛	剪除表面绒毛,使织物纹路清晰	剪毛机
10	烧毛	烧除织物表面绒毛	气体烧毛机
11	煮呢	进一步稳定织物尺寸	煮呢机
12	烘呢	烘除织物水分	松式烘干机
13	中间检验	检验前道工序加工质量	验布机
14	给湿	罐蒸前使织物保持适量水分	给湿机
15	罐蒸	稳定成品尺寸,保持适度光泽	罐蒸机
16	烫呢	压扁经纬纱	压烫机
17	成品检验	检验成品质量	验布机

训练任务3-4　丝织物和毛织物染整加工设备选择

•目的

通过训练进一步理解选择丝织物和毛织物染整加工设备的原则。

•引导文1

海安嘉吉练染厂以真丝产品的染整加工为主,年产真丝产品2000万米以上,主要加工真丝练白产品和染色产品。请根据已掌握的知识,编制真丝产品染整加工设备选择说明书。

•引导文2

江阴阳光集团年加工各种规格的精纺呢绒产品6000万米以上,主要包括染色织物和色织织物。请根据已掌握的知识,编制精纺呢绒产品染整加工设备选择说明书。

•基本要求

1. 注明加工产品的种类;
2. 注明漂白、染色和印花产品的设备选型要求;
3. 列出各加工工序使用的主要设备名称;
4. 简述上述各种加工设备的主要作用;
5. 尝试画出丝织物和毛织物染整加工设备排列图;

训练项目3　蛋白质纤维纺织物染整工艺设计与实施

• **目的**

通过项目设计与实施,进一步培养学生制定染整工艺的技能。

• **方法**

1. 指导教师提出蛋白质纤维纺织物染整工艺方案设计要求;
2. 指导教师指导学生分组独立完成工艺实施过程;
3. 根据要求学生完成蛋白质纤维纺织物染整工艺设计实施项目。

• **基本要求**

1. 分组讨论、确认并实施本项目设计方案;
2. 写出产品加工的工艺流程,列出主要的工艺设备;
3. 简述工艺流程中的主要工艺条件和工艺配方;
4. 修改精纺呢绒产品染整工艺设备排列图;
5. 注明检测项目和方法,粘贴检测结果小样和工序小样;
6. 完成多组题目的小组可适当加分;
7. 分组汇报项目成果,通过小组互评和教师点评实现课程考核。

• **可供选择的题目**

1. 丝织物染整工艺设计与实施;
2. 精纺毛织物染整工艺设计与实施;
3. 蚕丝绞纱染整工艺设计与实施;
4. 羊毛散纤维染整工艺设计与实施;
5. 绢纺产品染整工艺设计与实施。

✲ 知识拓展

T/R 仿毛织物染整工艺设计与产品开发

1. T/R 仿毛织物发展简述

精纺毛织物具有良好的柔软性、回弹性、吸湿性、保暖性和缩绒性,且耐磨、延燃、不易沾污,呢面细腻,光泽自然柔和,手感丰满,适合做高档西装和职业装。由于毛纤维十分有限,所以化纤织物的毛型化就成为开发新产品的重要手段。用加工化纤产品的设备加工 T/R 仿毛织物,适合于市场对小批量多品种的要求。T/R 仿毛织物以其良好的手感、柔和的色泽、适中的价格长盛不衰,是对精纺毛织物的重要补充,可以满足不同层次的消费需求。

进入 21 世纪以后,特别是近两年,随着 T/R 混纺纱,改性涤纶、涤纶和黏胶“三合一”纱以及改性涤纶、有光涤纶、三角异形涤纶和黏胶纱“四合一”纱等仿毛产品专用原料的出现,“胜毛”产品进入了一个新的发展阶段。特殊原料和多种原料的组合,使双色、三色和彩纱多色产品层出不穷。目前 T/R 仿毛织物仍以平纹和斜纹织物居多，嵌条和小提花织物逐渐增加。特别是比例为45/35/20 的涤/黏/毛或腈/黏/毛、45/35/10/10 的改性涤/黏/有光涤/毛出现以后，含有羊毛的“仿毛”产品大有后来居上的趋势。

仿毛成品门幅大多为150cm 左右，坯布上机门幅180cm 以上即可。190cm 以上宽度的剑杆织机、喷气织机都可以织造仿毛产品。为了提高产品档次，织造厂在布边上下足了功夫，经染整加工后，从布边上很难区分出织物是否为精纺毛料。在萧山、绍兴地区，逐渐出现了以富丽达纺织、宋氏布业为代表的一大批大型织造企业和以三元集团、稽山印染为代表的专业生产“胜毛”产品的大型印染厂。这些企业管理科学，设备先进，产品质量稳定，在中国轻纺城享有很高声誉，多个国内品牌西裤用料都被这些企业垄断。

2. 染整加工

以精纺织物光面加工为例，一般的工艺流程如下：

生坯修补→烧毛→洗呢→煮呢→染色→吸水→烘干→中间检验→熟坯修补→刷毛→剪毛→给湿停放→蒸呢→电压

以 T/R 仿毛产品加工为例，一般的工艺流程如下：

备布→烧毛→前处理→脱水→烘干→预定形→(碱减量、抛光)→水洗→染色→定形(整理)→检验→剪毛→轧光(罐蒸)

不难看出，上述两个工艺流程有很多相似之处。

(1)坯布准备。按生产计划进程及时完成坯布准备工作。备布时注意批号、缸号、客户标识、每缸重量和米数。卷装坯布必须全部用退卷机退卷。坯布匹与匹之间的接头既要平齐，又要牢固。

(2)烧毛。烧毛采用两正两反，保持火口清洁，减少烧毛痕。烧毛车速过快，烧毛痕增加；车速过缓，易烧毛过火，在织物表面形成黑点。会严重影响浅颜色的外观质量。火焰温度、车速，火口角度合理协调即可。

(3)前处理与染前预缩。羊毛的散毛和毛条可通过炭化工艺来除杂，洗呢和煮呢也分开进行，而仿毛织物的除杂可通过前处理来完成。集退浆和煮练于一浴的前处理工序，对仿毛织物的除杂效率更高。高效精练剂、中性去油灵和纯碱(液碱)是织物前处理不可缺少的助剂，既可去除纤维上的杂质和浆料，而且，还可根据纱线的捻度和密度，调整液碱的加入量，适当地对织物进行轻减量。根据坯布克重大小，调节喷嘴口径大小，可防止布面经向出现条痕。加工过程中适当调整高温高压喷射溢流染色机喷嘴压力，对织物在湿热状态下的均匀收缩有益。带有改性涤纶隐条的中色产品，前处理的工艺条件需要相对柔和，以免因前处理液碱性偏重而使改性涤纶的隐条消失。

预缩过程即是前处理过程，也是纬纱在比较剧烈的湿热状态下进一步收缩和消除内应力的过程。收缩变粗的经纱也会进一步加大纬纱的缩率。预缩时缓慢升温可以减少布面皱痕。加大喷嘴压力，可以减小经纱收缩与弯曲。但此时喷嘴压力过大，预缩门幅就会过窄，织物表面就会出现经向条痕。115～125℃之间织物在高温高压喷射溢流染色机内运行 20min，坯布的门幅还会收缩 10%左右。预缩过程中堵缸，会对半缸织物造成严重损伤。染前预缩或染色时降温过快，冷水进缸过早，都会使织物表面出现细小的褶皱，影响织物平整度。

(4)脱水与烘干。织物出缸时温度过高，脱水时间设定偏长，都有可能使布面产生细小的褶皱。虽然烘干时含水量越低越有利于织物在成品定形前吸收整理剂，但却会加大烘干工序的压力。松式烘干可使织物的手感更加蓬松。染色前的脱水与烘干和染色后的脱水与烘干同样重要。

(5)预定形。预定形在针板定形机上完成，通过高温在张力作用下保持预缩成果尽可能保持布面平整，是预定形工序的主要任务。预定形门幅的确定，不仅与坯布门幅、预缩门幅密切相关，在加工时还必须参考成品门幅。通常，预定形门幅以小于成品门幅2～3cm为宜。

(6)染色。浅色和中浅色可用活性染料和分散染料二浴法染色。中深色既可用活性染料和分散染料二浴法染色，也可用还原染料和分散染料二浴法染色。黑色可用硫化染料、活性染料或其他染黏胶的染料与分散染料染色。分散染料和活性染料一浴法或一浴二步法对T/R纱染色与二浴法染色工艺相比，节约的时间并不多。选用哪种染料和染色方法染黏胶，取决于染厂对染料的熟悉程度和客户对染色牢度的要求。

直接染料和直接混纺染料虽可与分散染料同浴对中长仿毛织物染色，且省时省气，但成品定形与罐蒸后的变色相对明显，且水洗牢度、日晒牢度和湿摩擦牢度较差。在整理时加入湿摩擦牢度增进剂虽可提高湿摩牢度和水洗牢度，但若在整理时遇到直接染料或直接混纺染料的固色剂，有可能因助剂离子性不同而于织物表面形成斑渍。为防止织物表面重金属含量超标，目前各染厂一般不使用红矾作硫化染料染色后的氧化剂。

阳离子染料和分散染料同浴染色时，应加入专用分散剂。为了避免出现色点和色渍，可用分散染料和分散阳离子染料同浴染色。重染改性涤纶，轻染涤纶短纤而黏胶留白的仿毛产品，原料的条干均匀度必须很好，纱线的接头必须少，否则成品修检的工作量极大，可能会影响外贸产品的交期。

(7)成品定形与整理。定形前织物的干爽程度以用手揉搓时感觉不到潮气为宜。200℃下的成品定形，能保证织物的平整度和手感。通过调整定形门幅和张力，来保证布面平整。通过调整超喂和张力，控制布边的平整程度和成品平方米重。通过调整定形机头紧布器包角大小来调节定形张力。落布时布面温度过高，易造成布面死褶。定形机尾的冷风装置和冷却辊筒，是保证成品降温的重要装置。车速适中，可保证织物自然降温。定形机尾织物降温过快，会影响织物手感。保持冷风送风量适中和冷却辊筒冷水循环量适中，是缓和织物降温速度的有效方法。

在定形机尾检验成品纬密，通过调整定形机机头的张力和超喂大小，来控制织物平方米重。车速过快，定形探边器频繁换向，容易造成定形漏挂和脱针，引起停车且在布面上产生“风挡”。车速过缓，不仅浪费能源，还容易造成织物手感板结，缺乏弹性。预定形门幅宽于预缩门幅而略窄于成品门幅，一般比成品门幅窄3%左右。预定形门幅确定以后，布面的平整度就取决于定形张力和超喂的调节。仿毛织物柔软整理，可用改性氨基硅微乳液柔软剂或硬脂肪酸酰胺柔软剂。前者滑爽，后者柔软，也可用上述两种产品复配的柔软剂，以便更好地兼顾滑爽与柔软的手感。室温下，采用浸轧的方式对织物进行各种整理，要求轧辊轧点线压力均匀。整理剂的浓度视客户要求和织物手感而定。

织物拒水拒油整理，可用3M公司的FC5100系列产品。该产品含氟，不但具有良好的拒水拒油效果，还可抗静电和防尘，是俗称具有“四防”效果的整理剂。硬脂肪酸酰胺柔软剂与该产品同浴整理，具有良好的协同效应。使用含氟系列整理剂后，织物湿摩擦牢度上升明显。由于大多国产分散染料在干热定形时都有明显的染料热迁移现象，阳离子系列的有机硅柔软剂在使用时会成为接纳分散染料热迁移至织物表面的温床，从而造成产品的水洗牢度、湿摩擦牢度、升华牢度、熨烫牢度和日晒牢度下降。为改变这一现象，可用滑爽性能稍差的亲水性柔软剂或硬脂肪酸酰胺柔软剂。

(8)检验。坯布打卷前的检验与修补对于提高色布质量至关重要。染整工艺成熟和稳定以后，坯布质量决定了最终产品的质量水平。成品烘干工序是检验所有前道工序的质量控制点。若该工序值班长业务素质高，就可以减少流入成品定形工序的次品数量。次品一旦进入定形工序，返工返修的难度就将增大。成品的初检一般在定形机尾。发现集中出现大量疵病，应该及时停止定形，安排返修。产品的完全检验是在检验机上完成的。按照国标、企标、客户标准和产品出口检验标准(大多为4分制标准)，都可检验仿毛织物的品质。在染后预缩和罐蒸之前检验产品，即可给产品定等，及时反馈质量信息，也可淘汰次品，避免次品进入下道工序。

(9)剪毛与轧光。经前道工序加工，织物表面会残留一些较长的类似绒毛的短纤。为增加织物表面光洁度，降低起毛起球机会，可使用剪毛机。经向剪毛机使用得较多。织物张力、进布速度、旋刀转速和刀口隔距是必须控制的主要因素。剪毛次数可根据剪毛后织物表面绒毛的多少来决定。

虽然轧光也可以提高织物表面的光洁度和抗起毛起球能力，但通过轧光赋予织物更多的是光泽。轧光时，一般轧辊由一软一硬两辊组成。通过机械装置或气压装置提高轧点压力的轧光机使用较多。这种轧光机压力调节方便，轧光后织物光泽柔和。也可通过不同的穿布方式，保证轧点处有两层织物正面相互挤压，使织物表面光泽更加柔和。也可通过给硬辊加热的方式增加织物表面的轧光亮度。通过电加热压辊的轧光方式叫电压。温度越高，压力越大，车速越慢，轧光后织物表面光泽越亮。随着消费者崇尚自然思潮的回归，仿毛电压产品越来越少。

(10)染后预缩与罐蒸。织物在定形以后可进行预缩加工。预缩加工既可用橡毯预缩机，也可用罐蒸机。仿毛织物的染后预缩或罐蒸，其目的与精纺毛织物的缩呢有几分类似。预缩后，织物尺寸稳定，缩水率减小，手感得到了进一步改善。橡毯预缩效率高，出现色变的机会较小，但因压力调节不当易出橡毯印。罐蒸机预缩效率虽然偏低，但预缩的效果更明显。织物的色光更柔和，仿毛性更明显。用直接染料、直接混纺染料染黏胶纤维的织物，更适合用橡毯预缩机预缩。罐蒸的温度和时间取决于客户对经纬向缩水率的要求。温度越高，时间越长，罐蒸后双弹织物的缩水率越低。全新的罐蒸包布在做高温长时间罐蒸时，易使织物出现包布印。罐蒸进布时，若进布不齐，也会出现包布印。一般情况下，织物经纬向缩水率小于3%即可。若客户要求缩水率在3%以下，而一次预缩或罐蒸不能满足要求时，既可考虑第二次预缩或罐蒸，也可考虑逐个单匹平幅堆放织物24h，通过织物自然回缩，降低织物经纬向缩水率。成品包装时打卷，因经向受到张力拉伸，故经向缩水率会受到影响。

3. 中长仿毛产品开发

(1)纱线的收缩与织造收缩。喷气或剑杆织机在织造过程中，打纬时纬纱于坯布两边所受到的外力是不一样的。以喷气织机为例，纬纱从喷嘴中高速喷出的压缩空气带动纬纱冲向织物的对边，开始时纬纱受到外力(冲力)较大，结束时外力较小。成布以后，无论是卷装还是匹装，存放过程中都不足以消除因织造时纬纱受力不均衡而"隐藏"于织物内部的应力。在染整加工过程中，织物表面的一根纬纱所经过的经纱数量仅仅等于该织物的整幅内的经纱数量。而在一匹布内一根经纱所经历的纬纱数量远远大于织物整幅内的经纱数量。一匹布越长，纬纱越多。所以在相同加工条件下，纬纱的收缩(织缩和染缩)总比经纱更容易一些。

预缩(前处理)阶段，织物的经纱与纬纱在湿热状态下收缩时，会变得比预缩前更弯曲。经纱的弯曲可通过纬纱的移位给予平衡，纬纱也因移位而变得紧密。同理，经纱也会因纬纱的弯曲而变得紧密。脱水和烘干以后，吸附或结合在纱线之间的水分蒸发，会给经纱和纬纱之间留下空间。成品定形、染后预缩和罐蒸都可以保留这些空间。成品定形时，温度、张力、门幅和超喂调整适当，才能保留住纱线之间的空间。只有保留了这些空间，织物才会变得蓬松柔软，织物的经纬向缩水率才会下降，织物的悬垂性和回弹性才会得以充分体现。

一般情况下，股线纬纱比单纱纬纱织缩更高；纬纱捻度大比纬纱捻度小织缩更大；纬纱密度大比纬纱密度小织缩更高；纬纱粗比纬纱细织缩更明显。平纹织缩大于斜纹和缎纹织缩。了解了纱线和织物在不同条件下的收缩规律，便可更好地制定染前预缩工艺。

(2)碱减量与抛光。涤纶特种丝仿毛产品和涤纶长丝仿真丝产品加工过程中，碱减量的方法使用较多。织物设计时，可采用增加密度来提高织物单位面积的重量，以此提高织物的悬垂性。同时也可通过增加纱线的捻度来增加织物的刚性。但为了体现成品的飘逸性，又不得不通过碱减量方式使纱线"剥皮"变细，以此来降低纱线的刚性，增加纱线之间相互滑动的空间。经减量后存留下来的刚性可体现涤纶织物"柔中带刚"的身骨；增加了滑动空间的纱线因刚性下降，使涤纶织物整体上表现为既有一定悬垂性，又有较好的飘逸性，还有良好的回弹性。

若知道仿毛产品原料中含有涤纶的话，可以考虑预定形后、染色前在染缸内通过轻减量的方式来达到增加纱线移动空间的目的。也可考虑在前处理(预缩)时对织物做轻减量。不加任何减量促进剂，相对织物重量5%的液碱在120℃下20min不仅可使织物获得蓬松的手感，也可有效去除织物上的杂质。改性涤纶、三角异形丝做轻减量时，温度可定在110℃，液碱加入量不超过5%(owf)。为了统一织物手感，也可考虑用连续减量机对相同批号的织物进行减量。连续减量机减量以后，若不能及时进缸染色，必须对织物进行脱水烘干。减量后水洗须充分，若存放时间过长，可能造成布面减量率不匀或布面带碱，引起染色色花。

烧毛仅能够去除坯布表面的绒毛，染前预缩后，湿状态下织物与织物、织物与缸壁之间的摩擦，导致大量黏胶纤维重新暴露于织物表面，影响织物染色质量和抗起毛起球性能。可以考虑于55℃下，pH值为5.5时，加入2%(owf)的纤维素酶，运行20min，就可有效去除暴露于表面的黏胶纤维较长的绒毛。用生物酶对黏胶纤维"抛光"，既可降低因前处理而增高的织物表面的

pH值,稳定染色质量,也可降低后续剪毛工序的压力。抛光后放掉残液,染涤时升高温,足可杀灭织物表面上残留的生物酶。虽然增加纱线捻度可降低织物表面出现绒毛的机会,但纱线捻度增加,不仅会加大染前、预缩后织物的纬向收缩率,增加布面出现条痕的机会,还会降低成品回弹性、悬垂性和飘逸性,破坏织物仿毛性。

(3)缝头与整纬。使用三线包边机可以最大限度地保证织物接头平齐和接头牢度。减少断头是稳定和提高产品质量的基础。接头平齐是减少纬斜的关键。单独用进口整纬器或在定形机前安装整纬器,都可以满足成品质量要求。

思考题

1. 羊毛织物如何表述基本规格?
2. 英支、公支与线密度之间如何换算?
3. 姆米的基本含义如何?
4. 制定丝织物前处理工艺时应该注意哪些问题?
5. 毛织物加工工艺十分复杂,在制定染整加工工艺时应该注意哪些问题?
6. 选择丝、毛织物加工设备时,应该注意哪些问题?

情境4 混纺织物和交织物染整工艺设计

✻ 学习目标

通过学习和训练，让学生了解常见混纺和交织产品的识别方法，了解该产品工艺流程、工艺条件、工艺处方设计和工艺设备选型的基本要求。提高对混纺织物、交织物工艺设计的基本能力。

✻ 案例导入

浙江恒逸新合纤面料开发股份有限公司是生产纯天丝产品的企业，其产品通过了国家级新产品鉴定。为降低产品成本，有客户提出要加工天丝/棉、天丝/黏胶混纺产品和天丝/涤纶交织产品。为此，浙江恒逸新合纤面料开发股份有限公司会同企业技术中心和本公司纺织公司成立了项目工作组，计划在三个月内完成上述三种产品从小试到中试的全部工作。

任务4-1 混纺织物和交织物特征及规格

学习任务4-1 混纺织物和交织物特征描述

•知识点

了解常见混纺织物和交织物的基本特点。

•技能点

分析常见混纺织物和交织物的基本规格。

•相关知识

1. 混纺织物描述

两种以上的短纤维按照一定比例混合纺纱，可纺制混纺纱。用混纺纱织造而成的纺织面料，就是混纺面料。涤/棉织物、涤/黏织物、涤/毛织物、涤/腈织物等都是混纺织物。不同的纤维具有不同的特性。棉纤维吸湿性好，染色容易，色泽鲜艳，可织成各种面料。涤纶刚性好、耐磨性好、强度高，染色较容易。因此，将棉型涤纶短纤维和棉纤维按照65%和35%的比例混合纺纱织造成布以后，面料会同时具有涤纶和棉纤维的优点。黏胶纤维吸湿性好、染深性好于棉，将黏胶丝的长度介于棉纤维和羊毛纤维之间的“中长纤维”，与等长的涤纶按照一定比例混合纺纱，可以织成涤/黏仿毛面料。羊毛纤维价格偏高，纯毛面料自然价格不菲。为降低产品价格，通常可将涤纶短纤、腈纶短纤和黏胶短纤的长度与羊毛纤维的长度接近，按照一定比例混合纺纱，制成毛/涤/黏/腈混纺面料。由于腈纶具有优良的仿毛性，毛/腈面料的基本性能非常接近全毛精纺呢绒面料。含毛混纺面料中羊毛的含量越高，产品的价格也越高。

最具代表性的混纺面料就是涤/棉布。T/C(65/35)是涤/棉织物中最常见的产品,通过测量纱支线密度、经纬密度和门幅,可以准确描述坯布或成品的规格。

在表述混纺面料规格时,人们习惯于把纤维含量最高的原料写在前面。如羊毛、涤纶在面料中的含量分别为45%和55%,那么,该面料的名称应为涤/毛面料。在描述三种以上原料组成的混纺面料时,应按照原料含量的高低依次排列,正确表述面料名称。如一种混纺面料中含羊毛35%、涤纶30%、腈纶20%、黏 胶15%,则该面料的正确表述应该为毛/涤/腈/黏面料。

有时可用CVC来表示倒比例的涤/棉织物,若不做特别说明,倒比例涤/棉织物的棉和涤的比例为55/45。

[**例**]涤黏混纺双向弹力织物规格的表述

[T/R65/35 14.6tex×2(40英支)/2+氨纶4.44tex(40旦)]×[T/R65/35 14.6tex×2(40英支/2)+氨纶4.44tex(40旦)]/378根/10cm×260根/10cm/145cm/147cm

式中经纬纱都是147.5dtex的涤、黏(65/35)混纺双股氨纶包覆纱。产品为经纬双向弹力织物,经密378根/10cm,纬密260根/10cm。成品门幅在145~147cm之间。

2. 交织物描述

真丝是天然长丝,具有良好的吸湿性和回弹性,而且强度较高,是高档真丝面料的主要原料。为降低真丝产品的价格,人们利用铜氨纤维作纬纱、用真丝做经纱织造而成的面料十分接近100%的真丝产品。常规涤纶的价格通常低于棉纱。经纱用棉纱,纬纱用涤纶弹力长丝,可织造出具有纬向弹力的棉/涤仿牛仔面料。当用锦纶丝作经纱、用锦纱作纬纱时,可织成锦/棉面料。当用棉纱作经纱、用绵纶丝作纬纱时,则可织成棉/锦面料。由此不难看出,上述几种面料的经纬原料不同,经纬原料中有一种为合成纤维的长丝。这样的面料通常被称为交织面料。由于交织面料的经纬原料中有一种是长丝,可避免使用混纺纱,因此,该面料的加工效率通常会高于混纺面料。

早期出现的交织面料,其经纬纱原料属性不同,而且经纬纱原料中必须有一种是化学合成纤维长丝。但是随着纺织工业的迅速发展,新型纺织原料的不断涌现,现在人们已经习惯上把经纬纱原料不同的面料统称为交织面料了。

[**例**]涤黏交织经弹织物规格

(T16.67tex+氨纶4.44tex)×R58.31tex
/(346根/10cm×268根/10cm)

式中的经纱是涤纶和氨纶的包覆丝,纬纱是单股黏胶纱,成品门幅145~147cm。

训练任务4-1　涤棉混纺织物和交织物规格测量

• **目的:**

通过训练,了解混纺和交织织物基本规格的测量方法和步骤。

• **训练过程记录:**

1. 经纱长度________、________、________;纬纱长度________、________、________;
2. 经纱总长度________,纬纱总长度________;

3. 经纱总质量________;纬纱总质量________;

4. 经纱线密度________纬纱线密度________经纱原料________纬纱原料________;

5. 试样的经纬密为:每 10cm 的经纱根数:________,每 10cm 纬纱根数:________;

6. 试样组织结构描述:________;

7. 试样风格描述:________;

8. 粘贴测量试样,并作出简略说明。

任务 4-2 混纺织物染整工艺设计

学习任务 4-2 混纺织物染整工艺设计

• 知识点

通过学习和训练,了解混纺织物染整工艺设计的基本要求和一般步骤。

• 技能点

通过训练,进一步提高对混纺面料染整工艺流程的设计能力。

• 相关知识

1. CVC 针织小毛圈布染整工艺设计

(1)产品特点。采用棉/涤(80/20)混纺纱(棉比例高于涤,习称 CVC),正面呈平纹组织,反面是将衬垫纱在织物某些线圈上形成不封闭的圈弧。织物厚度较大,脱散性小,透气性好,穿着舒适,手感柔软,保暖性好,是制作运动衫和拉链衫的理想面料。

(2)工艺流程。坯检→配缸→缝头→前处理→染涤→还原清洗→染棉→皂洗→柔软→脱水→烘干→剖幅→定形→包装→折码→装袋

(3)工艺内容。

①坯布准备。

A. 坯布规格:

线密度

面纱 29.16tex(20 英支),毛圈纱 48.59tex(12 英支)

门幅 150cm

平方米重 185g/m²

B. 准备:检验、翻布、配缸、缝头等与化纤织物和纯棉织物类似。

②前处理。深色涤/棉针织物的前处理目的是为了去除坯布上的棉籽壳、纤维素共生物,同时去除织制过程中施加在涤纶上的油剂、抗静电剂及织造时沾上的油污杂质,消除织物内应力,使织物松弛收缩。

A. 煮漂设备:采用高温高压溢流染色机进行煮漂

B. 煮漂工艺:

精练剂 1.5g/L

稳定剂	0.8g/L
30%烧碱	6.0g/L
35%双氧水	8.0g/L
浴比	1∶15
温度	98℃
时间	60min
升温速率	1.5℃/min

C. 工艺曲线：

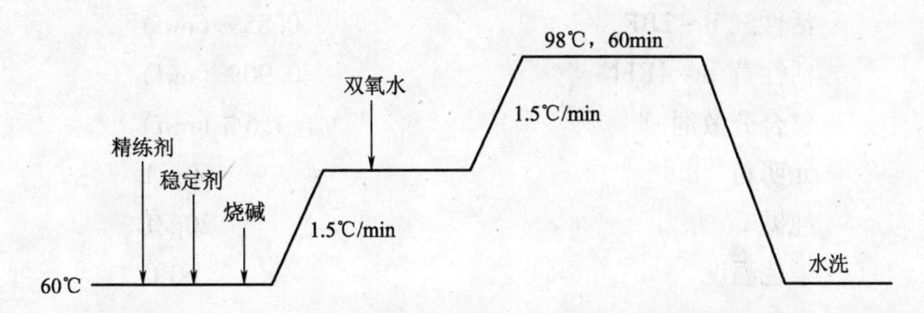

③染涤纶。涤/棉织物的染色由于涤纶和棉纤维的染色性能相差很大，因此涤纶和棉纤维往往要用不同的染料染色，一般先用分散染料高温高压染涤纶，再用牢度较好的活性染料染棉。染涤后要进行还原清洗，尽可能将沾污在棉纤维上的分散染料去除，保证染棉工艺的正常进行，否则会影响活性染料的上染率、色泽鲜艳度和色牢度。

A. 染涤处方：

分散黑 H2BL	1.26%（owf）
HAc	1.0%（owf）
高温匀染剂	0.3%（owf）
抗皱剂	2.5%（owf）
染色温度	130℃
染色时间	50min
浴比	1∶13

B. 工艺曲线：

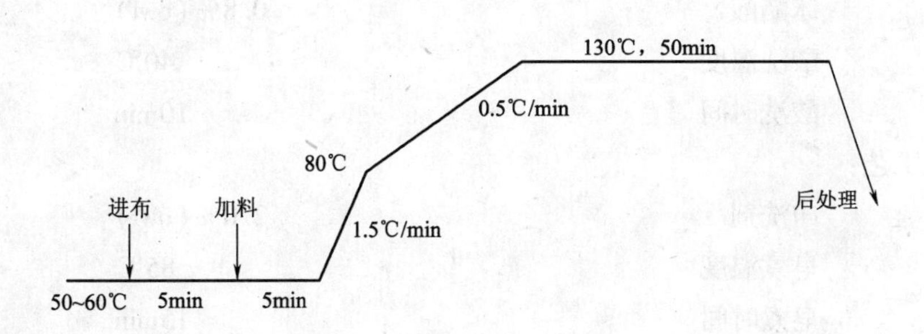

C. 还原清洗：

烧碱	1.2%（owf）

保险粉	1.0%(owf)
去油灵	1.5%(owf)
还原温度	95℃
还原时间	20min
浴比	1:15

④套棉。

A. 染色处方:

活性黑 B-3BL	3.18%(owf)
活性红 B-2BF	0.85%(owf)
活性黄 B-4RFN	0.90%(owf)
螯合分散剂	1.5%(owf)
元明粉	60g/L
纯碱	20g/L
染色温度	60℃
染色时间	40min
固色温度	60℃
固色时间	60min
浴比	1:15

B. 染色工艺曲线:

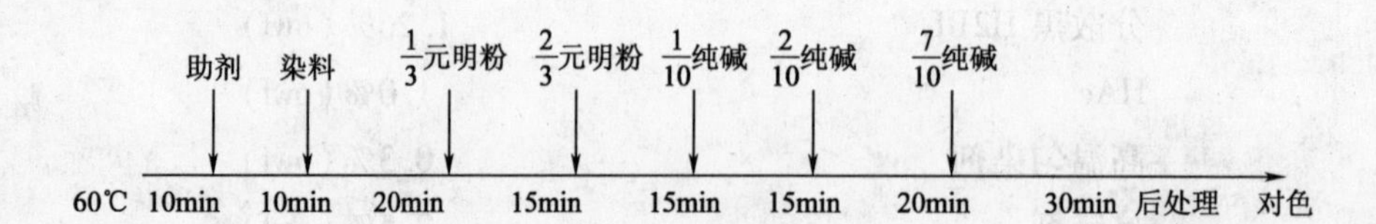

元明粉、纯碱分次加入,以降低上染速度和固着速度,达到染色的均匀性。选择好工艺路线、始染温度、染色温度、升温速度、保温时间、pH 值、元明粉、碱(酸)的用量、加入方法,将直接影响染色效果、产品质量,应充分注意。

C. 酸洗工艺:

冰醋酸	0.8%(owf)
酸洗温度	40℃
酸洗时间	10min

D. 皂煮工艺:

净洗剂	2.0%(owf)
皂煮温度	85℃
皂煮时间	15min
浴比	1:15

⑤耐水洗牢度的测定。测定方法参考涤纶织物和纯棉织物的测试方法。

要求涤/棉针织物染色牢度需达4~4.5级，不仅分散染料染涤的耐水洗牢度较好，而且活性染料染棉的耐水洗牢度也较好。

⑥柔软整理。针织物经过练漂及印染加工后，纤维上的蜡质、油剂等不同程度地被去除，织物手感变得粗糙僵硬，在缝制中易产生针洞等疵病，故需进行柔软整理。方法如下：

柔软剂	1.5%(owf)
温度	40℃
时间	15min

⑦脱水、剖幅。参考本书针织物染整加工的有关内容。

⑧定形。

A. 目的：由于CVC小毛圈布中含有涤纶，为了提高混纺针织物的尺寸稳定性，消除染色过程中产生的折痕，使布面表面平整，并在以后的加工过程或使用中不易产生难以去除的折痕，合纤纤维及其混纺或交织针织物在染整加工中都要进行热定形。

B. 定形工艺：

温度	170~185℃
速度	20~25m/min
柔软剂	20g/L
超喂	4%
门幅	大于成品2 cm

⑨检验、折码、包装。参考本书针织物染整加工的有关内容。

2. 涤/黏弹力混纺机织物染整工艺设计

涤/黏(T/R)弹力混纺机织物以其良好的吸湿透气性、保形回弹性、穿着舒适性、尺寸稳定性和手感丰满性，是近年来发展最快的纺织品。构成T/R弹力织物的纱线，大多是由涤纶短纤和黏胶短纤以65/35的比例混纺而成。一般用这种单股或双股的混纺纱与4.4tex(40旦)的氨纶长丝按照1:4左右的牵伸比包芯成纱，成品中氨纶含量在4%~9%之间。T/R弹力织物主要包括纬向弹力织物、经向弹力织物和经纬双向弹力织物(习惯称作四面弹)，其组织结构主要包括平纹、斜纹和缎纹三个大类。

(1)常见T/R弹力织物

①经向弹力织物。采用16.7texDTY涤纶包覆4.4tex氨纶做经纱，58.31tex(10英支)黏胶纱做纬纱，织物组织一般为平纹布。该织物虽不以混纺纱做原料，但国内市场却俗称为T/R罗缎，而国际市场称其为Bengelin。织造时用15#筘双穿，上机门幅168cm，上机经密300根/10cm、纬密200根/10cm、纬密增加，成品单位长度的平方米重也增加，经向的弹力有所下降。这种织物非常适合国产的剑杆织机织造。若把经纱换成锦纶包覆氨纶，就成为锦纶罗缎。若把纬纱换成44.85tex(13英支)或更细的黏胶纱，则成品会变得更轻薄。经纬原料不同，为染成双色提供了机会，使适合做各款春夏季服装的经弹面料更加丰富多彩。2上1下和3上1下的斜纹经向弹力织物也有一定的比例，且染成双色的机会更多。若用涤/黏纱代替纬向的黏胶纱，就构成俗称T/T/R罗缎的经弹织物，其仿麻效果越加明显。

②纬向弹力织物。纬弹织物在弹力织物中所占的比例偏大,平纹和斜纹居多。代表性的平纹织物以 14.58tex(40 英支)双股涤/黏纱做经,14.58tex(40 英支)双股涤/黏/氨纶包芯纱做纬,氨纶的线密度为 4.4tex。织造时用 15#筘双穿,上机门幅 210cm,上机经密 300 根/10cm,纬密 200 根/10cm。成品厚重适中,悬垂性明显,适合做秋冬季服装。代表性的斜纹织物以 25.4tex(23 英支)黏胶纱做经,16.7texDTY 涤纶包覆 4.4tex 氨纶作纬,组织结构为 2 上 1 下的右斜。上机门幅 220cm,11#筘 3 穿,上机经密 330 根/10cm,纬密 180 根/10cm。上机门幅宽,组织结构松,成品门幅窄,经纱染深色,纬纱留白,同时在染整加工过程中让纬纱任意收缩,结果成品表面就会产生大量的"树皮绉"。色光鲜艳纯正、手感细腻滑爽的"树皮绉"适合做春季服装面料。起绉部分纬纱可部分露白,进一步突出了"树皮绉"效果。上述两种纬弹织物都适合用 230cm 的进口宽幅喷气织机织造。

③双向弹力织物。从目前所能了解到的信息来看,适合做服装面料的缎纹 T/R 弹力织物比重偏低,双向弹力织物中平纹织物的比例高于斜纹织物。平纹双弹织物经纬纱多以 14.58tex(40 英支)双股涤/黏/氨纶包芯纱的占多数。织造时用 11#筘双穿,上机门幅 210cm,上机经密 220 根/10cm,纬密 160 根/10cm。斜纹双弹织物既有用 14.58tex(40 英支)双股的涤/黏/氨纶包芯纱做经纬的,也有用 18.22tex(32 英支)双股的涤/黏/氨纶包芯纱做经纬的。用 18.22tex(32 英支)双股的涤/黏/氨纶包芯纱做经纬纱,用 12.5#筘双穿,上机门幅 210cm,经密 250 根/10cm,纬密 165 根/10cm 的斜纹双弹织物,其成品更加厚重,悬垂感更加突出,特别适合做秋冬季服装面料。这也正是双向弹力织物出现的早期,斜纹织物多于平纹织物的主要原因。

虽然斜纹双向弹力织物风靡一时,但平纹双弹织物成品手感丰满,回弹性良好,仿毛性突出,染整加工难度相对于斜纹织物较小,尺寸稳定性优良,所以特别适合做服装面料。若斜纹双弹织物的纱线接头过多,条干均匀度不好,那么麻灰色(涤纶部分染黑,黏胶部分染灰)的成品上就会出现较多的白点子或白竹节,这将给成品检验修补带来巨大的工作量,有时会严重影响外贸产品的交期。

(2)弹力织物染整加工。对弹力织物染整加工的基本要求是布面平整,回弹性良好,尺寸稳定。加工弹力织物时,只有在湿热状态下的低张力松弛处理,才能充分消除织物的内应力,减少蠕变,防止氨纶的疲劳出现,从而较好地保持织物的尺寸稳定性和回弹性。由于氨纶丝在纺制时使用大量有机硅乳液,若有机硅去除不净,将会造成染色不匀。温和的热定形可以保证织物的门幅一致,密度均匀,改善弹性。所以,平幅精练、预缩和预定形三个工序是弹力织物加工过程中与普通织物区别最大之处。

①坯布准备。坯布卷装虽不利于消除织造过程中形成的不均匀内应力,但可以最大限度地保持坯布布面平整和门幅稳定。卷装坯布下机待检之前,可用胶带纸像封头经轴一样将坯布外端布头平整而紧密地粘贴在坯布卷轴上。用直径和强力适中的纸管做卷装坯布内芯,可以保证坯布里端最小限度地产生皱印。坯布检验完成后,用新胶带纸将外端封好。必要时,可以考虑用针线把外端两个布边缝在其下面两三层的坯布上。如果不注意保持坯布两端的平整性,那么以每缸布 12 匹计,客户就有可能因成品布头上的褶皱多损失 24m 成品。无论是纺织厂还是印染厂,都宜采用先进先出的原则,确保坯布堆放时间不宜过长。坯布堆放的层数不宜过高,应避

免阳光直射，并尽量保持仓库内地面干燥，通风良好。为了保证客户的利益，在销售时织造厂可把剑杆织机和喷气织机生产的坯布按照织物重量折算成米数给客户。

②经向弹力织物加工工艺（T/R 罗缎）。

A. 工艺流程：备缸→预定→前处理→染色→脱水→烘干→定形（整理）→检验→包装

B. 工艺讨论：坯布不烧毛，直接于150℃下在针板定形机上轧清水定形，既可消除坯布上的内应力，也可缩短工艺流程。定形车速的快慢取决于定形机长度。以9节烘房定形机为例，45m/min 的车速足以保证预定形的质量。预定门幅窄于白坯门幅而高于成品定形门幅。定形张力和超喂的调节，以布边不出现“荷叶边”为宜。

高效精练剂和中性去油灵是罗缎织物前处理不可缺少的助剂。可根据坯布平方米重大小，决定高温高压喷射溢流染色机喷嘴的大小和调节喷嘴压力。前处理温度低于染色温度，加工过程中适当调小喷嘴压力，都对保持经向弹力有益。用分散染料染涤，精选耐酸的直接染料或直接混纺染料与耐盐性较好的分散染料一浴法染黏胶纤维，染色的工艺流程最短。130℃湿热状态下保温60min，既可以满足所有分散染料染涤纶的深浓色泽，也不会对氨纶回弹性造成过多的破坏。染涤后于80℃下加入另一半食盐或元明粉并保温20min，可以保证剩余的直接染料或直接混纺染料充分上染。用其他染料对黏胶纤维染色的问题，本文将在后面说明。染色后充分水洗以及在成品定形时浸轧固色剂，是提高成品水洗牢度和摩擦牢度的有效途径。白色织物的增白也可在定形时通过浸轧增白剂来完成。为了保持白度的统一，可在定形机头的整理剂化料桶内配制浓度一致的增白剂溶液，以便随时通过加料泵打入浸轧槽。

织物出缸时温度过高，脱水时间设定偏长，都有可能使布面产生细小的褶皱。虽然烘干时含水量越低越有利于织物在成品定形前吸收固色剂、柔软剂或增白剂，但却会加大烘干工序的压力。定形前织物的干爽程度以用手揉搓时感觉不到潮气为宜。195℃下的成品定形，能保证织物的平整程度和良好的回弹性。主要通过调整定形门幅和张力，来保证布面平整。通过调整超喂率和张力，控制布边的平整程度和成品平方米重。张力的调整主要通过定形机头的紧布器完成。定形机尾部打冷风装置和冷却辊筒，是保证成品降温的重要装置。落布时布面温度过高，易造成布面死褶。在定形机尾检验成品纬密，是控制织物平方米重的有效方法。车速过快，定形探边器频繁换向，容易造成定形漏挂和脱针，引起停车且在布面上产生“风挡”。车速过缓，不仅浪费能源，还容易造成氨纶回弹性明显下降。

③纬向弹力织物加工。保持织物回弹性和平整度是纬弹织物加工的重点。而织物纬纱于受控状态下均匀收缩，是织物平整的关键。以平纹纬弹织物为例，加工工艺如下：

A. 工艺流程：备缸→烧毛→平幅精练→缸内预缩→脱水→烘干→预定→染色→脱水→烘干→定形（整理）→检验→包装

B. 工艺讨论：烧毛采用两正两反，保持火口清洁，减少烧毛痕。灭火装置虽可保护氨纶弹性，却易造成因转序不畅时纬弹布面回缩不均匀。烧毛机车速过快，烧毛痕增加；车速过缓，氨纶弹力受损。火焰温度、车速、火口角度合理协调即可。

喷气织机在织造过程中，打纬时纬纱于坯布两边所受到的外力是不一样的。从喷嘴中高速喷出的压缩空气带动纬纱冲向织物的对边，开始时纬纱受到外力（冲力）较大，结束时外力较小。成布以后，无论是卷装还是匹装，存放过程中都不足以消除因织造时纬纱受力不均衡而“隐藏”于织物内部的应力。用平幅精练机对宽幅平纹弹力织物精练，可在较温和的湿热状态下消除坯布的内应力，减少织物在后续加工时布面产生褶皱的机会。

调整平幅精练机进布装置的张力杠角度，以期坯布布面平整，门幅适当回缩。六槽平洗机内不添加任何精练剂，采用清水精练。第一槽水温室温即可，最后一槽水温80℃，中间各槽水温逐渐升高。车速可以根据坯布门幅收缩尺寸来调整。门幅收缩过大，可以降低平幅精练车速。水槽之间可由直辊扩幅辊连接。扩幅辊表面宜用非不锈钢材质。扩幅辊转速须随出布速度自动调节。平幅精练机尾部不用添加烘干装置。用均匀轧车和真空吸水装置即可。均匀轧车之前可增加一套冷水喷淋装置，以尽快降低织物表面温度。虽然在轧水和吸水装置之后增加一柱(8～10个)烘筒，可使织物进一步缩幅，但烘燥(包括预定形)后织物门幅收缩过快是纬弹织物布面出现永久褶皱的主要原因。把上述纬弹织物试样密封于加满水的染杯中，用水洗牢度机在不同温度下对试样水洗。织物经纬向收缩率见表4－1。

表4－1　不同温度下纬弹织物经纬向收缩率

工艺条件	坯布试样尺寸(mm×mm) (经向×纬向)	水洗后试样尺寸(mm×mm) (经向×纬向)	经向收缩率 (%)	纬向收缩率 (%)
30℃,15min	100×100	98.5×100	1.5	0
40℃,15min	100×100	98×100	2	0
50℃,15min	100×100	96.5×96.5	3.5	3.5
60℃,15min	100×100	96×89	4	11
70℃,15min	100×100	95×84	5	16
80℃,15min	100×100	93×77	7	23
90℃,15min	100×100	91×72	9	28
100℃,15min	100×100	89×70	11	30

50℃以后纬向开始明显收缩，80℃以后收缩趋缓。平幅精练最后一槽水温为80℃，可使纬弹坯布门幅有较大收缩，从而显现纬向弹力。同时，从室温到80℃之前的5个水槽也可使纬弹织物相对缓和地均匀收缩，以确保布面平整。操作工应特别注意精练以后出布时布边不可卷曲。发现布边在出布辊上卷曲，必须及时排除。上机210cm的纬弹(双弹)坯布，下机以后门幅一般在180cm(包括布边)左右。

平幅精练以后，应尽快安排织物预缩。不可在深颜色缸内对欲染浅色的织物进行预缩。预缩过程即是前处理过程，也是纬纱在比较剧烈的湿热状态下进一步收缩和消除内应力的过程。织物经纱在100℃时可以收缩11%(表4－1)，收缩变粗的经纱也会进一步加大纬纱的缩率。预缩时缓慢升温可以减少布面皱痕。加大喷嘴压力，可以减小经纱收缩与弯曲。高效精练剂、中性去油灵和适量的纯碱，可以去除纤维上的杂质和浆料。115～125℃之间织物在高温高压喷射溢流染色机内运行20min,门幅还会收缩15%~20%,预缩以后的门幅一般在134~139cm之间。145cm以上的预缩门幅会降低成品的纬向弹力;130cm以下的预缩门幅,织物表面易出现经向条痕。预缩过程中堵缸,会对半缸织物造成严重损伤。降温过快,冷水进缸过早,都会使织物表面出现细小的褶皱,影响织物平整度。

脱水要求可参考经弹织物加工。松式烘干可使织物的手感更加蓬松。预定形温度(180~190℃)略低于成品定形温度(195℃),预定形门幅宽于预缩门幅而略窄于成品门幅,一般比成品门幅窄3%左右。预定形门幅确定以后,布面和布边的平整度就取决于定形张力和超喂的调节。

④双向弹力织物加工。在弹力织物加工时,纬弹加工难度大于经弹,双弹织物大于纬弹,斜纹织物大于平纹。影响织物经纬双向的回弹性和织物的平整度的因素很多。控制的重点仍然是平幅精练、预缩和预定形,双弹织物加工工艺除了成品定形以后多了一格预缩以外,其余与纬弹织物加工工艺相同。

工艺流程:备缸→烧毛→精练→预缩→脱水→烘干→预定→染色→脱水→烘干→成定→检验→预缩→包装

表4-1中纬弹织物的经纱为14.58tex(40英支)双股T/R纱,纬纱是14.58tex(40英支)双股涤/黏/氨纶包芯纱;表4-2中双弹织物的经纬纱都是14.58tex(40英支)双股涤/黏/氨纶包芯纱。组织结构不同,经密不同,纬密相同,染整工艺相同,由于下机门幅有差异,精练、预缩和预定形门幅有差异,最终成品门幅自然有差异。

表4-2 不同弹力织物在染整加工时的门幅变化

织物名称	经纱根数	上机门幅(cm)	下机门幅(cm)	精练门幅(cm)	预缩门幅(cm)	预定形门幅(cm)	成品门幅(cm)
纬弹平纹	4620	210	181~184	156~158	137~139	146~147	151~152
纬弹斜纹	5670	210	179~183	155~158	135~137	143~144	150~151
双弹平纹	4620	210	177~179	154~156	133~135	144~145	149~150
双弹斜纹	5670	210	173~176	152~155	131~133	140~141	145~146

注 表4-2中斜纹织物织造时为9#筘3穿。经纱根数=织造筘号×穿筘数×上机门幅

双弹织物在定形以后可进行预缩加工。预缩加工既可用橡毯预缩机,也可用罐蒸机。预缩后,织物尺寸稳定,缩水率减小,手感得到了进一步改善。橡毯预缩效率更高,出现色变的机会较小,但因压力调节不当易出橡毯印。罐蒸机预缩效率虽然偏低,但预缩的效果更明显。织物的色光更柔和,仿毛性更明显。用直接染料、直接混纺染料染棉/涤织物,更适合用橡毯预缩机预缩。罐蒸的温度和时间取决于客户对经纬向缩水率的要求。温度越高,时间越长,罐蒸后双弹织物的缩水率越低。全新的罐蒸包布在做高温长时间罐蒸时,易使织物出现包布印。罐蒸进布时,若进布不齐,也会出现包布印。一般情况下,双弹织物的经纬向缩水率小于5%以下就算合格。有些客户要求缩水率在3%以下,而一次预缩或罐蒸达不到此项要求时,既可以考虑进

行第二次预缩或罐蒸，也可以考虑逐个单匹平幅堆放织物24h，通过织物自然回缩，降低织物经纬向缩水率。若成品包装时打卷，会影响经向的缩水率。

(3)工艺讨论。用YG065电子织物强力机对表4-2中的双弹平纹织物不同加工阶段做定负荷拉伸试验，强力机上下夹具之间的距离为100mm，拉伸速度为100mm/min。拉伸前预加张力2N，拉伸张力至40N后停顿60s。待上下夹具距离恢复至100mm，停顿10s后再拉伸至预张力2N，拉伸结束。经纬向各做两次，记录试样的平均伸长率、预张力长度和弹性回复率。有关数据见表4-3。

表4-3 定负荷下平纹双弹织物不同加工阶段经纬向弹力变化

序号	织物状态	经向伸长率(%)	纬向伸长率(%)	经向预张力伸长长度(mm)	纬向预张力伸长长度(mm)	经向弹性回复率(%)	纬向弹性回复率(%)
1	白坯	25.380	36.500	10.140	19.005	60.034	47.929
2	预定形	21.554	25.380	8.935	10.140	58.501	60.034
3	染涤	21.554	33.950	8.935	15.994	58.501	52.891
4	染涤后处理	23.344	41.525	10.310	22.439	55.832	45.954
5	直接(混纺)染料套黏胶纤维	21.530	32.950	6.830	15.230	53.824	68.397
6	硫化染料套黏胶纤维	24.054	31.335	4.849	5.580	80.142	82.190
7	硫化染料 H_2O_2 氧化	25.770	31.844	6.709	11.314	73.924	64.487
8	活性染料套黏胶纤维	21.630	27.310	6.339	10.039	70.920	64.082
9	活性染料染黏胶纤维后皂洗	24.074	30.549	7.540	7.834	68.940	74.337
10	还原染料套黏胶纤维	25.009	29.519	6.925	8.304	72.289	71.868
11	还原染料过硼酸钠氧化	24.250	33.070	5.849	10.535	75.838	68.137
12	还原染料 H_2O_2 氧化	32.900	24.105	4.429	8.399	74.557	81.758

为防止织物表面重金属含量超标，目前各染厂一般不再使用红矾作硫化染料染色以后的氧化剂。故表4-3中没有列出红矾氧化以后织物的弹力变化情况。从表4-3中不难看出，除坯布外，纬向预张力伸长长度最大的是染涤以后的后处理，排在第二位的是涤纶染色以后。由此可见染涤(高温湿热状态下对弹力织物的处理)以后，继续在碱性条件下还原清洗，对氨纶的回弹性损伤较大。其他几种染料对黏胶纤维染色，对氨纶弹性的影响与直接染料或直接混纺染料对氨纶的影响类似。表4-3中给出的氧化剂、还原剂和皂洗剂对氨纶弹性的影响不大。

T/R弹力织物的浅色可以考虑用活性染料和分散染料二浴法染色。中深色既可以考虑用活性染料和分散染料二浴法染色，也可以考虑用还原染料和分散染料二浴法染色。分散染料和活性染料一浴法或一浴两步法对T/R混纺纱染色与两浴法染色工艺相比，节约出来的时间并不是很多。选用哪种染料和染色法染黏胶纤维，取决于染厂对染料的熟悉程度和客户的要求。

对于本白色、漂白色和需要增白的弹性织物，可采取前处理与染色一浴法的方式进行。前处理液中可加入双氧水的稳定剂，处理的时间可适当延长，处理的温度可以接近130℃。

用平板熨烫仪于180℃干热状态下测量双弹平纹织物坯布的收缩率，相关数据见表4-4，将试样沿经纱或纬纱方向对折后置于平板熨烫仪上下夹板正中加热，加热结束以后，用经纬密度仪测量织物正反面的经纬密度，取其平均值。

表4-4　180℃不同时间内平纹双弹织物经纬密度变化

时间(s)	试样规格(mm×mm)	经密(根/10cm)	纬密(根/10cm)	经向收缩率(%)	纬向收缩率(%)	经纬缩差值(%)	布面平整程度
0	100×100	275	175	—	—	—	非常平整
60	100×100	340	240	19.1	27.1	8	布面起泡
90	100×100	345	246	20.3	28.9	8.6	布面起泡
120	100×100	350	250	21.4	30	8.6	布面起泡
150	100×100	355	260	22.5	32.7	10.2	明显起泡

虽然表4-4中织物随受热时间延长，纬向与经向收缩基本同步（其收缩差值在8%~10.2%之间），但布面上却有严重的“橘子皮”现象，布面的平整程度遭到严重破坏。表4-5中列出了织物在四种平整状态下经纬密度变化。

表4-5　平纹双弹织物平整状态下经纬密度变化

织物状态	门幅(cm)	经密(根/10cm)	纬密(根/10cm)	经向收缩率(%)	纬向收缩率(%)	经纬缩差值(%)
坯布上机	210	220	160	—	—	—
坯布下机	178	260	180	11.11	15.38	4.27
预定形	145	320	220	27.27	31.25	3.98
成品	149	310	215	25.58	29.03	3.45

表4-4缩差比表4-5中的缩差小了近一倍，织物表面的平整程度就非常令人满意。综上所述，弹力纤维受控收缩是保持布面平整程度的关键。在染整加工过程中，平纹双弹织物表面的一根纬纱所经过的经纱数量仅仅等于该织物的整个门幅上的全部经纱数量，而一根经纱所经历的纬纱数量远远大于织物的整个门幅上的全部经纱数量。所以在相同加工条件下，纬纱收缩受到的阻力小于经纱收缩受到的阻力。换言之纬纱的收缩总比经纱更容易一些。如果在几个关键的加工工序（如预定形、成品定形）中使双弹织物纬密和经密的收缩差都能接近坯布下机以后的纬密和经密的收缩差，那么，双弹织物的加工质量就会进一步稳定和提高。当然，也可以有意识地利用弹力纤维纬向和经向收缩的不一致性，开发诸如“树皮绉”、“珍珠麻”和“泡泡纱”之类的弹力织物。

T/R弹力织物加工过程是在常规T/R织物加工的基础上增加了弹力纤维的受控收缩和受

控拉伸过程。湿热状态下的均匀收缩，干热状态下的柔和拉伸，是弹力织物加工的重点。弹力纤维加入普通 T/R 织物以后，其前处理、染色和整理工艺都要尽可能地围绕保护氨纶的弹性做出相应的调整。平幅精练、染缸内预缩、预定形，成品定形后预缩和罐蒸，就是工艺调整的结果。均匀的收缩（如平幅精练和染缸内预缩）是为了让织物更好地显示弹性，柔和地正向拉伸（如预定和成品定形）和反向拉伸（如染色后的预缩和罐蒸）是为了固定已经显示的弹性，从而保持织物的弹性稳定性、尺寸稳定性和布面平整度。

训练任务 4－2　涤棉混纺织物染整工艺流程设计

•目的

通过训练强化理解涤棉混织物染整加工流程说明的基本要求。

•引导文

张家港华芳印染厂年产各种涤棉混纺织物 6000 万米以上，主要为漂白织物、染色织物和印花织物三类。请根据已掌握的知识，编制涤棉混纺织物染整加工流程说明。

•基本要求

1. 请设计涤棉混深色轻薄织物的工艺流程；
2. 请设计涤棉混漂白织物工艺流程；
3. 请设计涤棉混浅色厚重织物工艺流程；
4. 请设计涤棉混印花产品工艺流程；
5. 请选择上述三个流程中的两个，说明各工序的主要作用；
6. 简述涤棉混纺浅色轻薄织物在各工序中的加工注意事项。

任务 4－3　交织物染整工艺设计

学习任务 4－3　交织物染整工艺设计

•知识点

通过学习和训练了解交织物染整工艺设计的基本要求和一般步骤。

•技能点

通过训练学会设计交织物染整工艺流程。

•相关知识

1. 棉/涤纬弹仿牛仔布的开发与加工

纯棉牛仔布以其良好的穿着舒适性、颜色的差异性和服装款式的多样性，深受广大消费者，特别是青年人的喜爱。近年来，随着牛仔服装成衣加工技术的迅速发展，以江苏常州为生产中心的纯棉牛仔布的产量不断增加。除纯棉牛仔布以外，以浙江绍兴和萧山为生产中心的棉/涤仿牛仔布也得到了快速发展。

棉/涤纬弹仿牛仔布的经纱为棉，纬纱是涤纶或涤纶氨纶包覆丝。仿牛仔布大多采用间歇式绳状染色，以经纱染色为主，颜色比纯棉牛仔布丰富了许多。间歇式绳状染色最大限度地改善了牛仔布僵硬的手感，提高了颜色的准确性、鲜艳性和均匀性。常温下染棉，可以保证纬向涤纶氨纶包覆丝的均匀收缩，最大限度地体现仿牛仔布的纬向弹力。通过运用竹节纱和提花织机，仿牛仔布完全可以达到纯棉牛仔布的花色数量。

(1)不同牛仔布主要织造工艺比较。

①加工流程和织造参数。织物的组织结构、原料、密度和加工流程，决定了织物的主要特点。虽然目前色织牛仔布加工流程千差万别，但主要的加工流程如下：

整经→经轴染色→浆纱→织造→退浆→烘干→定形→检验

大部分的棉/涤仿牛仔布加工流程如下：

整经→织造→检验→前处理→染棉→定形(后整理)→检验

表4-6、表4-7分别列出了常见纯棉色织牛仔布和棉/涤纬弹仿牛仔布的主要织造工艺参数及成品的布面风格。

表4-6　纯棉色织牛仔布主要织造工艺参数

序号	经纱(dtex)	纬纱(dtex)	成品密度(根/10cm)	组织	布面风格
1	871(6.7英支)	927(6.3英支)	260×180	$\frac{2}{1}$斜纹	平板
2	584(10英支)+834	834(7英支)	280×180	$\frac{2}{1}$斜纹	经向竹节
3	584+973(6英支)	486(12英支)+77(氨纶)	330×180	$\frac{2}{1}$斜纹	纬向弹力平板
4	671(8.7英支)	834+77(氨纶)+898(6.5英支)	300×160	$\frac{2}{1}$斜纹	纬向竹节+弹力
5	834+584	166(涤纶)+77(氨纶)+584	340×210	$\frac{2}{1}$斜纹	经纬双向竹节+纬向弹力

表4-7　棉/涤纬弹仿牛仔布主要织造工艺参数

序号	经纱(dtex)	纬纱(dtex)	成品密度(根/10cm)	组织	布面风格
1	365(16英支)	330(涤纶)+44(氨纶)	320×220	$\frac{2}{1}$斜纹	平板纬弹
2	584(10英支竹节)	330(涤纶)+44(氨纶)	340×220	$\frac{2}{1}$斜纹	经向竹节+纬向弹力
3	531(11英支竹节)	165(涤)+44(氨)+365(涤竹节)	315×175	$\frac{2}{1}$斜纹	经纬竹节+纬向弹力

②织物成品特点。从织物组织结构、原料，到密度，两类织物区别并不大。但由于加工流程不同，两种产品的成品风格区别较大。纯棉牛仔布色光纯正，质地厚重，传统风格明显，适合牛仔服成衣加工的多种工艺。当然缺点也比较明显：手感偏硬、添加氨纶后纬向弹力不明显、颜色数量不多、不适合小批量生产、不适合通过后整理方式赋予织物更多的特性等等。通过调整原料的粗细、上机密度，以及改变染色方式，棉/涤纬弹仿牛仔布在色光、风格和质地等方面都可以达到色织牛仔布的水平。同时，棉/涤纬弹仿牛仔布在染整加工过程中通过调整加工流程和工艺条件，完全可以克服纯棉牛仔布的上述缺点。

(2)棉/涤纬弹仿牛仔布加工。染色之前对织物进行的加工俗称为前处理。备布、平幅精练、预缩、预定形都属于这个范畴。保持织物回弹性和平整度是纬弹织物加工的重点。而织物纬纱于受控状态下均匀收缩，是织物平整的关键。室温湿状态下纬向弹力织物均匀收缩，是成品布面平整的基础。

无论是全棉牛仔布，还是棉/涤仿牛仔布，常规平纹织物的染整加工相对简单。从表4-6和表4-7中不难看出，两类产品中纬向弹力织物占较大比例。所以，对于仿牛仔布来说，只要掌握了纬弹织物的加工方法，常规织物的加工也就不会存在太多的问题。大多数情况下仿牛仔布只染棉，不染涤，而且绳状染色为主，长车轧染较少。

①坯布准备。纬向弹力织物的坯布存放时应特别注意布头部位的平整处理。用胶带纸将坯布外端布头平整而紧密地粘贴在坯布卷上，可最大限度地保证坯布布头出现褶皱。必要时可考虑用针线把外端两个布边缝在其下两三层的坯布上。

②平幅精练。纬向弹力织物平幅精练时必须避免门幅收缩过快现象的出现。先冷水，后温水；一边平幅精练，一边扩幅，可使纬向弹力织物的坯布门幅均匀收缩。平幅精练时坯布门幅收缩过快，成品表面、尤其是接头处就会出现大量褶皱。

③预缩。弹力织物的预缩加工，其基本工艺流程和加工要求类似。关于棉/涤纬向弹力仿牛仔织物的预缩加工，请参考本书的相关内容。

④预定形。预定形时，应采用针板定形机。预定形门幅不得宽于成品门幅，可适当小于成品门幅2~3cm。若此时织物表面仍有很多皱条，则说明平幅精练和预缩工序没有达到质量指标。布面的平整程度不仅取决于预定形的门幅，还取决于预定形时织物的经向张力。通过的导布辊越多、织物在导布辊上形成的包角越大，超喂辊的转速比预定形时的车速越低，织物经向受到的张力越大，布面越平整。

⑤染色。间歇式绳状染色可以最大限度地改善织物的手感，提高匀染性，通过小批量多品种的加工方式满足市场需求。虽然可以通过橡毯预缩机在染后对成品进行预缩或适当对成品加湿来改善长车轧染仿牛仔布的手感，但是改善的程度有限。如果需要对涤纶套色，既可以采用高温高压法分散染料染涤，也可以纬向涤纶用阳离子染料低温染改性涤纶的方法。先染涤纶后染棉是完全必要的。大多数的仿牛仔布颜色类似于全棉牛仔布，特黑、藏青、藏蓝是主要颜色。

棉纱的染色可以采用多种染料。直接染料成本较低、牢度较差。虽然在套色时可以使用混纺染料，以提高染色效率，但是也很难保证色牢度达到要求。活性染料虽然可以提高鲜艳度和牢度,但是染上述几种颜色,染料的利用率偏低,且续染加料容易形成缸差。虽然牛仔布的水洗牢度和摩擦牢度要求并不高,但是直接染料染色后,若不经过进一步的固色处理,其水洗牢度和摩擦牢度也很难满足服装加工的要求。

棉纱染黑色时,硫化染料使用较多。正常工艺下使用的硫化碱对于织物中氨纶回弹性的影响不大。硫化染料氧化阶段,不可使用红矾,宜采用适当浓度的双氧水。使用红矾会造成织物表面含有重金属而无法通过检测。硫化染料氧化时,双氧水加入过多容易造成局部氧化过快的氧化不均匀现象,进而可能引起织物表面色花或氨纶回弹性明显下降。也可以使用硫化染料对棉纱染藏青色和藏蓝色。还原染料在间歇式绳状染色时很少使用。

⑥后处理。染色工艺决定后处理方式。固色、皂洗、氧化、水洗和添加其他助剂的洗涤,都属于后处理的范畴。先染涤以后,适当的后处理可以减少分散染料和染色助剂对棉纱及氨纶的沾色。常规的分散染料染涤纶的后处理对氨纶弹力的影响比较明显,采用专用的清洗剂作后处理,对保持氨纶弹性的效果更好。

⑦后整理。柔软整理是棉/涤仿牛仔布最常见的后整理,其目的是通过柔软剂来弥补稍显不够滑爽的织物手感。织物经纬纱的捻度不仅影响织物的收缩率,还影响织物柔软整理时布面的扒丝程度。纬纱捻度过低,经纱很容易在外力的作用下于纬纱上滑移,从而造成织物表面容易扒丝。纬纱捻度越低,柔软整理以后布面越容易扒丝。柔软整理时,柔软剂的加入量主要取决于成品布面的扒丝程度和手感。4 ~8g/L 的有机硅柔软剂既可以保证织物滑爽的手感,还能保证一般仿牛仔纬弹织物布面不扒丝。

也可以在成品定形时对直接染料、直接混纺染料进行固色以及对涤纶进行增白处理。成品定形工艺的确定可以参照预定形的有关内容。

2. 天丝/苎麻交织平纹布的染整工艺探讨

天丝/苎麻交织平纹布是采用普通型天丝合股纱作经纱,苎麻单纱作纬纱交织而成。虽然这两种纤维都属于纤维素纤维,但它们的性能差异较大。天丝纤维触感柔滑、悬垂飘逸、穿着舒适,当经纱采用特数较低的普通型天丝合股纱时,既使布面显得细洁,又易于通过机械、生物酶及助剂的协同作用,获得仿桃皮绒的美学效果;而纬纱选用苎麻纤维,它吸湿透气、手感干爽,吸汗后不沾身、具有抗菌抑菌等功能,并且苎麻纤维的挺括性好、条干略呈粗细不匀的特性,当与天丝纤维进行交织时,有机地将天丝纤维的柔滑手感和桃皮绒效果与苎麻纤维的粗犷材质结合起来,使得织物的手感干爽舒适,刚柔相济,表面肌理形状丰富,服用性能优良,深受国内外客户的欢迎。

(1)产品加工方案。天丝/苎麻交织平纹布采用气体加热式磁棒烧毛机,织物通过与浮游的灼热磁棒进行接触将布面绒毛烧除;退煮漂采用平幅冷轧堆工艺,减少织物的折皱和擦伤,且毛效和手感好;采用半丝光工艺可使得织物染色后得色较深,颜色鲜艳,手感柔软;采用活性染料一次性染色,可适当提高染色温度,以提高染料的透染性;通过酶处理进一步去除天丝纤维表面的纤毛和苎麻纤维的绒毛,提高织物表面的光洁度;树脂整理可提高织物的抗皱性和保持织物的桃皮绒效应;特柔整理是通过对织物的膨化和振荡烘干,既提高织物的柔软性,同时又让天丝纤维产生二次原纤化,使得织物表面产生桃皮绒效果,产品风格独树一帜。

主要加工设备有气体加热式磁棒烧毛机、R－box 练漂机、冷轧堆、丝光机、Then 气流染色机、脱水机、轧车、圆网烘干机、拉幅定形机。

(2)染整加工工艺。天丝和苎麻虽然都属于纤维素纤维，但在结构和性能上却存在较大的差异。天丝纤维柔滑娇嫩，易产生原纤化和折皱；而苎麻纤维质地硬、含杂多、易产生绒毛，因此染整加工应根据这两种纤维的结构特性与产品风格来进行。工艺流程如下：

坯布→摆缝→烧毛→退、煮、漂(冷轧堆和汽蒸两种工艺)→丝光→染色→酶处理→浸轧树脂整理液、烘干→特柔整理(Tombling)→拉幅定形→成品

①织物规格。

经纱：19.43tex×2 普通型天丝双股纱

纬纱：41.64tex 苎麻纱

坯布门幅：160cm

成品门幅：145～147cm

密度：经向 198 根/10cm，纬向 228 根/10cm

组织结构：$\frac{1}{1}$平纹交织布

②烧毛。天丝/苎麻交织平纹布毛羽较多，且苎麻纤维较粗，因此烧毛加工比一般棉布更为重要。烧毛设备采用气体加热式磁棒烧毛机，织物通过与悬浮的灼热磁棒进行接触，从而将绒毛烧除，使布面达到一定的光洁度，减轻了后道工序中天丝纤维初级原纤化和酶处理的负担，并减少苎麻纤维的刺痒感。烧毛工艺如下：

火口只数：二正二反

温度：800～900℃

车速：80～100m/min

烧毛级数：达到 4 级。

③退煮漂。天丝纤维湿处理时具有异向溶胀性，极易产生原纤化倾向和绳状褶皱印。退煮漂采用一步法工艺，可克服机台多、效率低、易产生皱条、擦伤、纬斜等疵病。通过冷轧堆退煮漂一步法工艺和汽蒸退煮漂一步法工艺进行了对比试验。

a. 冷轧堆退煮漂一步法工艺流程及工艺条件：浸轧工作液(3 格)→打卷→塑料膜密封→转动冷堆(室温，20～24h，8～10r/min)→2 格热水洗→4 格汽蒸→4 格热水洗→2 格温水洗→2 格冷水洗

冷轧堆退煮漂打卷时，一定要注意布面平整，不能有褶皱，防止产生染色皱条。打卷后要用塑料膜密封，防止工作液渗漏和挥发。室温堆置 20～24h，堆置时布卷以 8～10r/min 匀速转动，保持织物带液均匀。冷堆后先用高温热水洗除布面上的浆料和杂质分解物，再通过汽蒸处理适当提高织物的毛效。汽蒸时要用饱和蒸汽，防止织物脆损。汽蒸时车速要慢，控制在 30m/min 左右，保证织物汽蒸时间在 2min 以上。冷轧堆退煮漂和汽蒸退煮漂的工艺处方见表 4－8。

表4-8　汽蒸退煮漂和冷轧堆退煮漂的工艺处方

工艺处方＼工艺方式	汽蒸退煮漂	冷轧堆退煮漂
NaOH（g/L）	25 ~ 30	25 ~ 30
H_2O_2（g/L）	5 ~ 6	12 ~ 14
精练剂（g/L）	10	10
Na_2SiO_3（g/L）	5	6
螯合剂（g/L）	3	3
轧液率（%）	≥70	≥70
温度（℃）	95 ~ 98	室温
时间	45 ~ 60 min	20 ~ 24h

b. 汽蒸退煮漂一步法工艺流程及工艺条件：浸轧工作液（四浸一轧，轧液率70%～80%，室温）→汽蒸（95～98℃，50～60min）→4格热水洗→2格温水洗→2格冷水洗

汽蒸退煮漂一步法采用R型汽蒸练漂机，该机堆布整齐、织物张力很小，织物既浸煮又汽蒸，退煮漂效果较匀透。

通过两种退煮漂工艺比较发现，汽蒸退煮漂时由于天丝纤维与苎麻纤维的收缩不一致，极易产生皱条疵病，并有轻微擦伤。而采用平幅低张力冷轧堆工艺，织物的皱条和擦伤少，且白度好、毛效高、手感柔软，节能节水，是天丝/苎麻交织布退煮漂加工的首选工艺。汽蒸退煮漂一步法工艺和冷轧堆退煮漂一步法工艺半制品质量指标比较见表4-9。

表4-9　汽蒸退煮漂工艺和冷轧堆退煮漂工艺比较

质量指标		汽蒸煮漂	冷 轧 堆
毛效	经向（cm）	11.5	7
	纬向（cm）	11.5	6.5
手感		较好	好
白度		72.8	82.5
染色		得色深、均匀	得色深、且均匀饱满
布面质量		有细皱条	布面平整

c. 丝光：天丝/苎麻交织平纹布经过丝光加工不仅可以提高织物的尺寸稳定性，还可提高苎麻纤维的染色性能。对不丝光、半丝光和全丝光三种工艺进行了对比试验，丝光工艺条件和效果见表4-10。

表 4-10 丝光工艺条件和效果比较

丝光工艺	NaOH(g/L)	得色情况	门幅收缩率(%)
不丝光	0	得色浅、较萎暗,有白芯	0
半丝光	150~170	得色较深,颜色鲜艳,手感柔软	3.8
全丝光	240~260	得色较深,颜色鲜艳,手感较硬	12.9

从表4-10可以看出,半丝光工艺和全丝光工艺得色较深,且颜色鲜艳。但全丝光工艺的手感较硬,门幅收缩大,扩幅十分困难,因此以采用半丝光工艺为佳。

d. 染色:天丝纤维下水后会发生异向溶胀,造成织物结构紧密僵硬,湿加工时由于绳状扭曲形成的凹凸部位很容易产生折痕和擦伤等疵病。气流式染色机是采用气流雾化染液作为输布介质,使织物作无张力连续快速运转,织物出喷嘴后经过扩展形的输布管,通过气体膨胀将绳状的织物展成平幅,使得织物在运转过程中不断变换位置,因此染色后的织物手感柔软丰满,布面无折痕,而且染液浴比小,节省水和染化料。为了防止天丝纤维擦伤,染浴中可加入浴中宝C。

天丝和苎麻都是纤维素纤维,可用活性染料一次性进行染色。但这两种纤维的结晶度和取向度都高,大分子链排列紧密,染料扩散困难,上染率低,不宜染深色。因此可选择分子量小、初染率低和透染性好的B型活性染料,并通过适当提高染色温度的措施,将染色温度由60℃提高到80℃,保温30min以提高移染性。为了保证布面得色均匀,染浴中可加入了匀染剂。染色工艺流程和染液处方如下(玫红色):

55℃→加入匀染剂→加入染料→运行20min→分两次加盐促染→运行20min→1~1.5℃/min,升温至80℃→分三次加碱固色→保温30min→排液→水洗→酸洗→皂洗→水洗→固色→柔软→脱水→烘干

活性藏青 BES	0.023%(owf)
活性红 BES	4.96%(owf)
活性黄 BES	0.38%(owf)
Na_2SO_4	60g/L
Na_2CO_3	20g/L
平滑剂	3g/L
匀染剂	3g/L
无甲醛固色剂 FK-406M	4%
浴比	1:(5~6)

e. 酶处理。酶处理对于天丝/苎麻交织平纹布的染整加工十分重要。一方面织物表面的天丝纤维毛羽在漂染过程,特别是在染色过程中受到机械摩擦发生初级原纤化,在织物的表面起毛和起球,严重地影响织物的外观;另一方面从织物交织点和松散部位滑出的苎麻纤维绒毛多、硬,穿着时有刺痒感。通过酶处理可去除天丝纤维初级原纤化形成的纤毛和苎麻纤维的绒毛,使织物获得光洁的表面,改善织物手感,并提高织物的悬垂性。

工艺流程和工艺处方如下：

50℃→加入平滑剂→加入 HAc →加入纤维素酶→运行 30min →加 Na_2CO_3 →运行 20min →升温至 80℃→运行 60min →排液→水洗→脱水→烘干

平滑剂	3g/L
HAc	4g/L
纤维素酶	2%
Na_2CO_3	1g/L

f. 浸轧树脂整理、烘干：为了提高织物的柔软性和抗皱性，防止织物在穿着和洗涤过程中发生原纤化，并使织物的桃皮绒效应得以保持，需要进行树脂整理。

工艺流程和工艺处方如下：

浸轧柔软树脂液（二浸二轧，轧液率 70%～80%，室温）→圆网松式烘干

树脂整理剂 ECO	60g/L
纤维强力保护剂	20g/L
柔软剂	30g/L
$MgCl_2 \cdot 6H_2O$	10g/L

g. 特柔整理：经浸轧柔软树脂液并烘干的织物，在湿态或近干态的松弛条件下进行二次原纤化，织物经拍打、撞击并揉搓，使织物组织和纱线结构松弛，柔软性提高，并使织物表面产生均匀细密的绒毛，且细而短，不会起球，获得仿桃皮绒风格。

蒸汽温度	110℃
时间	30mim
风速	65m/min
转速（提布轮）	45m/min

h. 拉幅定形：拉幅定形可去除布面皱印，门幅达到规定的尺寸，并使树脂整理剂与纤维素大分子发生交联作用。拉幅定形时烘房温度 150～160℃，车速 40～45m/min，落布门幅 140～142cm，落布温度 <50℃。落布时应注意织物的门幅、平方米重和布面纹路是否歪斜等。

i. 成品：织物落机后应进行验布，内容包括测定织物的耐洗牢度、摩擦牢度、缩水率等物理指标，同时还要检验织物的外观疵点。检验内容见表 4－11。

表 4－11　成品的耐洗牢度、摩擦牢度和缩水率指标

耐洗牢度（级）		摩擦牢度（级）				经向缩水率（%）	纬向缩水率（%）
原样褪色	白布沾色	干摩擦牢度		湿摩擦牢度			
		原样褪色	白布沾色	原样褪色	白布沾色		
4	4	4	4	3－4	3	－1	0

训练任务 4－3　涤棉交织物染整工艺流程设计

• 目的

通过训练，学会编制涤棉交织物染整工艺条件和工艺处方说明书。

•引导文

绍兴永通印染集团年加工各种规格的涤棉交织物8000万米以上，主要包括漂白织物、染色织物和印花织物。请根据已掌握的知识，编制涤棉交织物染色加工的工艺条件和工艺配方说明。

•基本要求

1. 写出涤棉交织产品的染整工艺流程；
2. 说明涤棉交织产品前处理和染色阶段的主要工艺条件；
3. 写出涤棉交织产品前处理阶段和染色阶段的主要工艺配方；
4. 写出涤棉交织产品印花阶段的主要工艺条件和工艺配方；
5. 在实训室分组实施本组设计的工艺流程；
6. 在实训室分组验证本组设计工艺条件和工艺配方；
7. 注明检测项目和检测方法，粘贴检测小样；
8. 粘贴各工序小样。

任务4-4 混纺织物和交织物染整设备选型

学习任务4-4 混纺织物和交织物染整加工设备选择

•知识点

通过学习和训练，让学生了解选择混纺织物和交织物染整加工设备的基本要求。

•技能点

根据混纺织物和交织物染整加工的工艺流程，能够选择纺织品染整工艺设备，说明所选设备的基本特点。

•相关知识

1. CVC针织小毛圈布染整工艺设备的选择

采用棉/涤(80/20)纱(棉比例高于涤，习称CVC)，正面呈平纹组织，反面是将衬垫纱在织物某些线圈上形成不封闭的圈弧。织物厚度较大，脱散性小，透气性好，穿着舒适，手感柔软，保暖性好。

CVC针织小毛圈布的工艺流程为：

坯检→配缸→缝头→前处理→染涤→还原清洗→染棉→皂洗→柔软→脱水→烘干→剖幅→定形→包装→折码→装袋

根据上述工艺流程初步选定的染整加工设备见表4-12。

表4-12 CVC针织小毛圈布染整工艺设备的初选

序号	工序	工艺要求	初选结果
1	坯布检验	发现坯布外观疵点，检验坯布长度	验布机
2	配缸	准确称量坯布重量，统计整缸坯布重量	电子台秤、地磅

续表

序号	工序	工 艺 要 求	初 选 结 果
3	缝头	接头平齐、牢固	平缝机、三线包边机
4	前处理	去除坯布表面杂质	平幅精练机、溢流染色机
5	染涤	使聚酯纤维上色	高温高压溢流染色机
6	后处理	去除纤维表面浮色	平幅水洗机、溢流染色机 高温高压溢流染色机
7	染棉	使棉纤维上色	绳状溢流染色机 平幅连续轧染机
8	皂洗	去除纤维表面浮色	平幅水洗机、绳状染色机、平幅卷染机
9	柔软	改善织物手感	溢流染色机、浸轧烘干机 大轧车定形机
10	脱水	降低织物含水率，提高烘干效率	离心脱水机、真空吸水机
11	烘干	降低织物含水率，提高定形效率	热风烘干机、烘筒烘干机、 红外线烘干机、导带松式烘干机
12	剖幅	将筒状织物变成平幅状态	剖幅机
13	定形	稳定织物尺寸	针板定形机、布铗定形机
14	折码	按足码往复折叠面料，便于包装	折码机
15	装袋	成品装箱	打包机

根据表4－13内容整合后的设备选择结果见表4－13。

表4－13　CVC针织小毛圈布染整工艺设备选择结果

序号	工序	工艺设备选择结果	最终选择的设备
1	坯布检验	验布机	验布机
2	配缸	地磅	地磅
3	缝头	三线包边机	三线包边机
4	前处理	绳状溢流染色机	高温高压溢流染色机
5	染涤	高温高压溢流染色机	
6	后处理	高温高压溢流染色机	
7	染棉	高温高压溢流染色机	
8	皂洗	高温高压溢流染色机	
9	柔软	高温高压溢流染色机	
10	脱水	离心脱水机	离心脱水机
11	烘干	导带式松式烘干机	导带式松式烘干机
12	剖幅	剖幅机	剖幅机
13	定形	针板定形机	针板定形机
14	折码	码布机	码布机
15	装袋	打包机	打包机

2. 涤黏交织经向弹力织物染整加工设备的选择

涤黏交织经向弹力织物的基本规格表述为:经纱16.67tex(150旦)涤纶低弹丝包覆4.44tex(40旦)氨纶,纬纱58.31tex(10英支)黏胶纱。其染整加工的工艺流程如下:

备缸→预定→前处理→染色→脱水→烘干→定形(整理)→检验→包装

根据上述工艺流程初步选定的染整加工设备见表4-14。

表4-14 涤黏交织经向弹力织物加工设备初选

序号	工序	工艺要求	初选设备
1	备布	准确称量整缸坯布重量	电子地磅
2	预定形	稳定坯布门幅,保持布面平整	针板定形机
3	前处理	去除织物表面杂质	溢流水洗机 溢流染色机 高温高压溢流染色机
4	染色	使纤维上色	高温高压溢流染色机
5	脱水	降低织物含水率,提高烘干效率	离心脱水机、真空吸水机
6	烘干	降低织物含水率,提高定形效率	热风烘干机、烘筒烘干机、 红外线烘干机、导带松式烘干机
7	定形	稳定织物尺寸	针板定形机、布铗定形机
8	检验	检验成品外观质量	验布机
9	包装	成品打卷装箱	打卷机、打包机

根据表4-14内容整合后的设备选择结果见表4-15。

表4-15 涤黏交织经向弹力织物染整工艺设备选择结果

序号	工序	工艺设备选择结果	最终选择的设备
1	备布	电子地磅	电子地磅
2	预定形	针板定形机	针板定形机
3	前处理	高温高压溢流染色机	高温高压溢流染色机
4	染色	高温高压溢流染色机	
5	脱水	离心脱水机	离心脱水机
6	烘干	导带松式烘干机	导带松式烘干机
7	定形	针板定形机	针板定形机
8	检验	验布机	验布机
9	包装	打卷机、打包机	打卷机、打包机

3. T/R混纺仿毛产品染整工艺设备的选择

T/R混纺仿毛织物规格描述如下:

[T/R(65/35)14.58tex×2(40英支/2)+氨4.44tex(40D)]×[T/R(65/35)14.58tex×2

（40 英支/2）+ 氨 4.44tex（40D）]/（378 根/10cm × 260 根/10cm/145cm）/147cm

式中经纬纱都是 14.58tex × 2 涤/黏/混纺氨纶包覆纱。产品为经纬双弹织物，经密 378 根/10cm，纬密 260 根/10cm。成品门幅在 145 ~ 147cm。

以上述产品为例，一般的染整工艺流程为：

备布→烧毛→前处理→脱水→烘干→预定形→（碱减量、抛光）→水洗→染色→定形（整理）→检验→剪毛→压光（罐蒸）

根据上述描述，初步确定的染整加工设备见表 4 - 16。

表 4 - 16　涤黏混纺仿毛织物加工设备初选

序号	工序	工 艺 要 求	初 选 结 果
1	备布	抽检坯布质量，称量整缸织物重量	验布机、电子地磅
2	烧毛	去除坯布表面过多绒毛	气体烧毛机
3	前处理	去除纤维表面杂质，使坯布保持均匀收缩	平幅精练机、平幅卷染机、溢流染色机、高温高压溢流染色机
4	脱水	降低织物含水率，提高烘干效率	离心脱水机、真空吸水机
5	烘干	降低织物含水率，提高定形效率	热风烘干机、烘筒烘干机、红外线烘干机、导带松式烘干机
6	预定形	保持半成品弹性，保持布面平整	针板定形机
7	碱减量	改善织物手感	减量机、溢流染色机、连续减量机、练池减量槽
8	抛光	通过生物酶处理，去除织物表面绒毛	平幅卷染机、溢流染色机、高温高压溢流染色机
9	水洗	去除织物表面残留生物酶	平幅水洗机、溢流染色机、连续水洗机、高温高压溢流染色机
10	染色	使纤维上色	高温高压溢流染色机 高温高压平幅卷染机
11	定形	保持半成品弹性，保持布面平整	针板定形机
12	检验	检验成品外观质量	验布机
13	剪毛	去除成品表面较长绒毛	剪毛机
14	压光	增加织物表面亮度	压光机
15	罐蒸	若产品不做压光加工，则需罐蒸	罐蒸机

根据表 4 - 17 整合后的设备选择结果见表 4 - 17。

表 4 - 17　涤黏混纺仿毛织物染整工艺设备选择结果

序号	工序	工艺设备选择结果	最终选择的设备
1	备布	验布机、电子地磅	验布机、电子地磅

续表

序号	工序	工艺设备选择结果	最终选择的设备
2	烧毛	气体烧毛机	气体烧毛机
3	前处理	高温高压溢流染色机	高温高压溢流染色机
4	脱水	离心脱水机	离心脱水机
5	烘干	导带松式烘干机	导带松式烘干机
6	预定形	针板定形机	针板定形机
7	抛光、水洗	溢流染色机	高温高压溢流染色机
8	染色	高温高压溢流染色机	
9	定形	针板定形机	针板定形机
10	检验	验布机	验布机
11	剪毛	剪毛机	剪毛机
12	罐蒸(压光)	罐蒸机(压光机)	罐蒸机(压光机)

训练任务4-4　混纺织物和交织物染整加工设备选择

•目的

通过训练进一步理解选择涤/棉织物染整工艺设备的基本原则。

•引导文

浙江永利印染集团股份有限公司新建的诸暨印染厂以涤/棉产品加工为主。在不考虑产品产量的前提下,请根据先前训练任务所积累的知识和经验,选择必不可少的涤/棉织物染整加工设备。

•具体要求

1. 注明加工产品的种类(机织物或针织物);
2. 注明漂白、染色和印花产品的设备选型要求;
3. 列出各加工工序使用的主要工艺设备;
4. 简述上述各种工艺设备的主要作用;
5. 尝试画出涤/棉织物印花车间设备排列图;
6. 下次上课前上交本次训练任务书。

训练项目4　混纺织物和交织物染整工艺设计与实施

•目的

通过项目设计与实施,强化培养学生设计染整工艺的基本技能。

•方法

1. 指导教师提出混纺(交织)织物染整工艺方案设计要求;

2. 指导教师指导学生分组独立完成工艺实施过程；

3. 学生根据要求完成混纺(交织)织物染整工艺设计与实施项目。

• **引导文**

南通第三印染厂加工各种混纺、交织产品。请根据先前学习任务、训练任务已掌握的知识和积累的经验,编制混纺或交织产品的染整工艺设计报告。

• **基本要求**

1. 分组讨论、确认并实施本项目设计方案；
2. 写出产品加工的工艺流程,列出主要的工艺设备；
3. 简述工艺流程中的主要工艺条件和工艺配方；
4. 尝试画出全部染整工艺设备排列图；
5. 注明检测项目和方法,粘贴检测结果小样和工序小样；
6. 分组汇报项目成果,通过小组互评和教师点评实现课程考核。

• **可供选择的题目**

1. 涤/棉府绸漂白产品染整工艺设计与实施；
2. 涤/棉轻薄深色产品染整工艺设计与实施；
3. 涤/黏中厚型深色产品染整工艺设计与实施；
4. 涤/棉筒子纱染整工艺设计与实施；
5. T/R 仿毛产品染整工艺设计与实施。

✻ 知识拓展

1. 涤/棉织物主要产品工艺流程

(1)漂白涤/棉布。

①常规工艺。坯布检验→翻布打印→缝头→烧毛→退浆→碱煮→氧漂→丝光→涤加白、热定形→氧漂(棉加白)→柔软、拉幅或树脂整理→轧光→(预缩)→检码→成品分等→装潢成件

②退煮漂工艺。坯布检验→翻布打印→缝头→烧毛→退浆→煮、漂→丝光→氧漂(棉加白)→涤增白、热定形→柔软、拉幅(或树脂整理)→轧光→(预缩)→检码→成品分等→装潢成件

③酶氧工艺。坯布检验→翻布打印→缝头→烧毛→酶氧退、煮、漂→丝光→氧漂(棉加白)→涤增白、热定形→柔软、拉幅(或树脂整理)→轧光→(预缩)→检码→成品分等→装潢成件

④冷轧堆工艺。坯布检验→翻布打印→缝头→烧毛→退、煮、漂冷轧堆→丝光→氧漂(棉加白)→涤增白、热定形→柔软、拉幅(或树脂整理)→轧光→(预缩)→检验、码布→成品分等→装潢成件

(2)中、浅什色涤/棉布。坯布检验→翻布打印→缝头→烧毛→退浆→碱煮→氧漂→丝光↔定形→染色→柔软、拉幅或树脂整理→(轧光)→(预缩)→检码→成品分等→装潢成件

(3)深色涤/棉布。

①深色涤/棉布。坯布检验→翻布打印→缝头→烧毛→退、煮→氧漂→定形→丝光→染色→柔软、拉幅或树脂整理→(预缩)→检码→成品分等→装潢成件

②深色涤/棉卡其布。坯布检验→翻布打印→缝头→烧毛→退、煮、漂→丝光→定形→染分散染料(热熔或高温高压)→套染还原染料(轧染或卷染)→柔软、拉幅或树脂整理→(预缩)→检码→成品分等→装潢成件

(4)印花涤/棉布。坯布检验→翻布打印→缝头→烧毛→平幅退浆→碱煮→氧漂→定形兼涤加白←→丝光→印花→柔软、拉幅或树脂整理→(轧光)→预缩→检码→成品分等→装潢成件

①印花布前处理。坯布检验→翻布打印→缝头→烧毛→退浆→煮练、氧漂→烘干→定形兼涤加白←→丝光→烘干

②印花。

A. 涂料、分散染料直接印花:白布→印花→焙烘→皂洗、水洗→烘干

B. 分散、活性染料同浆直接印花:白布→印花→固色(焙烘→汽蒸固色或常压高温汽蒸固色)→水洗、皂洗、水洗→烘干

C. 可溶性还原染料直接印花:白布→印花→过酸、皂洗、水洗→烘干→定形兼固色

③印花布后整理。柔软、拉幅或树脂整理→轧光→防缩→检码→成品分等→装潢成件

2. Coolmax纤维在机织仿牛仔面料中的应用研究

早期开发的棉/涤仿牛仔面料可通过涤纶作纬纱增加硬挺性,提高服装保形性。但涤纶的加入降低了面料的导电性,使裤脚部位过多吸附灰尘而影响着装者形象。同时,普通涤纶作纬纱使织造浮点保留在面料反面,也降低了面料的穿着舒适性。

Coolmax纤维属聚酯纤维,其横截面为四管状,表面四条沟槽具有吸湿、透气和导湿功能。含Coolmax纤维的面料可将体表汗液抽离,传输到面料表面而迅速蒸发,使皮肤保持干爽。Coolmax用于棉涤仿牛仔机织面料纬纱,可赋予面料诸多新功能。

(1)原料、仪器和染化料。

面料规格见表4-18。

表4-18 试验用面料规格

序号	经 纱	纬 纱
1	365dtex(16英支)全棉竹节纱	333dtex涤纶DTY
2	365dtex(16英支)全棉竹节纱	两根166dtex Coolmax纤维并股

说明:坯布经密275根/10cm,坯布纬密180根/10cm

加工工序、工艺条件、处方和设备见表4-19。

表4-19 试验工艺条件、处方和设备

序号	工序	工艺条件	工艺处方(要求)	工艺设备
1	备布	每块10g	根据测试要求裁剪坯布	剪刀与天平
2	预缩	110℃,30min,浴比1:20	精练剂1g/L	红外线高温染样机
3	水洗	自来水冲洗至中性	用试纸检测织物表面pH值	实验室水槽
4	轧水	轧点线压力0.25MPa,2次	轧水时布面平整	小型轧车

续表

序号	工序	工艺条件	工艺处方(要求)	工艺设备
5	烘干	100℃,3min	烘干后布面平整	小型烘箱
6	预定形	张力作用下160°,1min	预定形后布面平整	小型定形机
7	碱减量	110℃,30min, 浴比1:20	NaOH 5g/L,抗静电剂SN 1g/L	红外线高温染样机
8	水洗	自来水冲洗至中性	用试纸检测织物表面pH值	实验室水槽
9	染色	染色70℃,20min 固色70℃,20min	活性黑 7%(owf) 食盐20g/L,纯碱30 g/L,浴比1:20	振荡式恒温染样机
10	水洗	自来水冲洗至中性	用试纸检测织物表面pH值	实验室水槽
11	轧水	轧点线压力0.25MPa,2次	轧水时布面平整	小型轧车
12	烘干	100℃,3min	烘干后布面平整	小型烘箱
13	整理	轧点线压力0.25MPa,2浸2轧	亲水性有机硅柔软剂4g/L	小型轧车
14	成品定形	张力作用下160℃,90s	成品定形后布面平整	小型定形机

测试方法和测试标准见表4-20。

表4-20 纤维和面料的检测方法和标准

测试项目		检测方法和参照标准
纬纱状态	外观状态	通过纤维细度分析仪观察减量前后Coolmax纤维外观状态变化
	线密度变化	GB/T 14343《合成纤维长丝及变形丝线密度试验方法》
	强力变化	GB/T 14344《合成纤维长丝及变形丝断裂强力及断裂伸长试验方法》
	热稳定性	GB/T 6505《合成纤维热收缩率试验方法》
面料性能	吸湿性	FZ/T 01071《纺织品 毛细效应测试方法》
	透湿性	GB/T 12704.1《纺织品 织物透湿性试验方法 第1部分:吸湿法》
	透气性	GB/T 5453《纺织品 织物透气性的测定》
	柔软性	GB/T 18318《纺织品 织物弯曲长度的测定》
	导电性	FZ/T 01042-1996《纺织材料 静电性能 静电半衰期的测定》
生态性	pH值	GB/T 7573《纺织品 水萃取液pH值的测定》
	游离甲醛	GB/T 1912.1《纺织品 甲醛含量测定 第一部分 游离水解的甲醛(水萃取法)》
	禁用染料	GB/T 17593《纺织品 禁用偶氮染料检测方法 气象色谱、质谱法》
	重金属离子	GB/T 17593《纺织品 重金属离子检测方法 原子吸收分光光度法》
染色性能	耐水牢度	GB/T 5713《纺织品 色牢度试验 耐水色牢度》
	耐洗牢度	GB/T 3921.1《纺织品 色牢度试验 耐洗色牢度:试验3》
	汗渍牢度	GB/T 3922《纺织品 耐汗渍色牢度试验方法》
	摩擦牢度	GB/T 3920《纺织品 色牢度试验 耐摩擦色牢度》
	耐日晒牢度	GB/T 8472《纺织品 色牢度试验 耐人造光色牢度:氙弧》
	染深性	通过电子测色配色仪测试减量加工对织物染深性的影响

(2)结果与讨论。

①Coolmax 外观状态。用纤维纤度检测仪观察 Coolmax 纤维碱减量前后外观状态变化(图 4-1),图 4-2 可形象显现 Coolmax 表面沟槽。

图 4-1　Coolmax 束纤维减量前外观状态

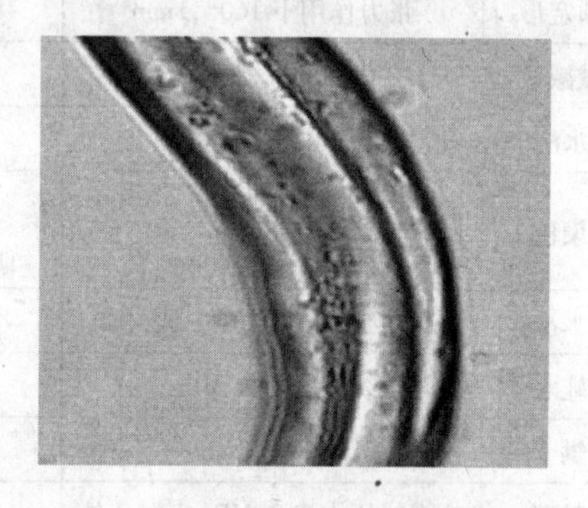

图 4-2　Coolmax 单纤减量前外观状态

随减量时间延长,Coolmax 纤维表面在氢氧化钠作用下产生的剥皮现象愈发明显(图 4-3,图 4-4)。

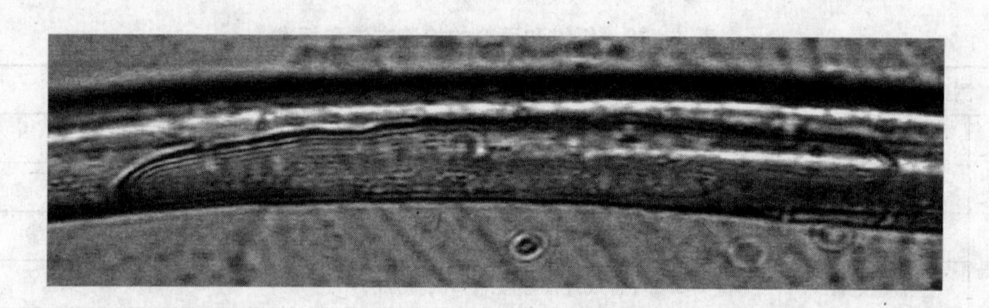

图 4-3　减量 30min 后 Coolmax 单丝外观状态

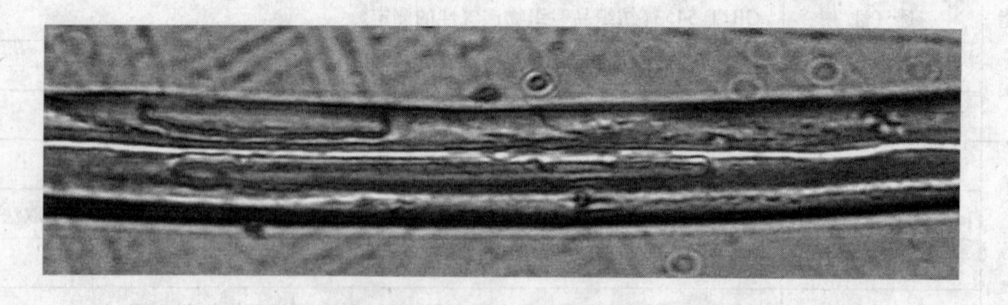

图 4-4　减量 60min 后 Coolmax 单丝外观状态

②碱减量时间对线密度的影响。随着碱减量时间延长,Coolmax 线密度逐渐下降(图 4-5)。

通过运行 LLY-27D. exe 软件,测得的纤维直径随减量时间延长而逐渐变细。减量前纤维直径为 27μm,减量 30min 后纤维直径为 24.5μm,减量 60min 后纤维直径为 20.6μm。

③碱减量时间对纤维物理性能的影响

随碱减量时间延长,Coolmax 强度逐渐下降,50min 后下降趋缓(图 4-6)。

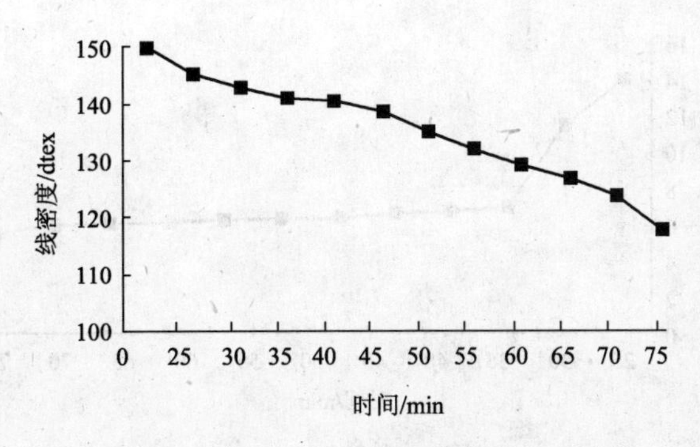

图 4 - 5　Coolmax 线密度随减量时间的变化

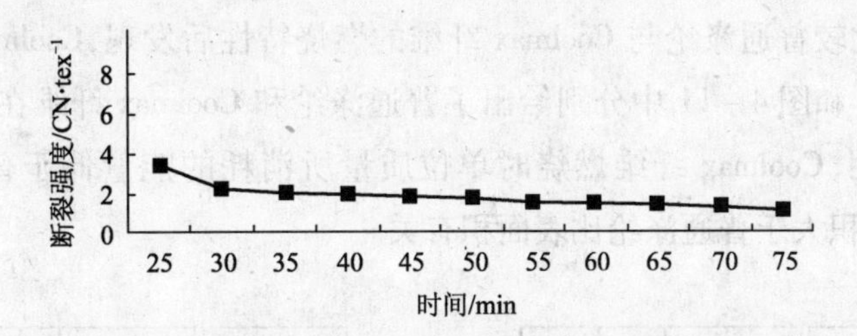

图 4 - 6　Coolmax 纤维断裂强度随减量时间的变化

图 4 - 7 为减量时间对 Coolmax 纤维断裂伸长率的影响。

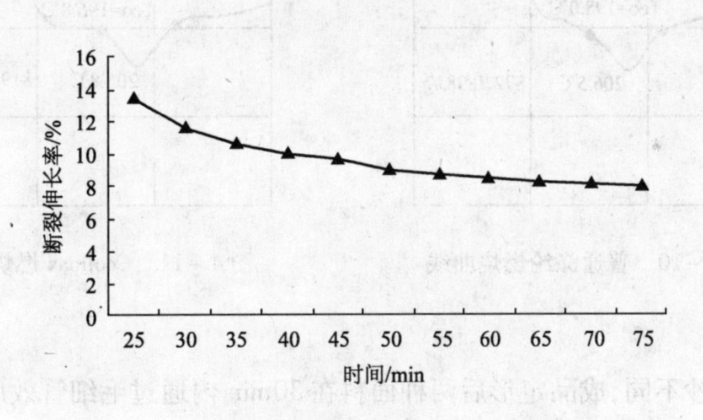

图 4 - 7　Coolmax 断裂伸长率随减量时间的变化

④Coolmax 纤维的热性能变化。随碱减量时间延长，Coolmax 纤维卷曲收缩率和沸水受缩率逐渐下降(图 4 - 8，图 4 - 9)。卷曲收缩率可反映纤维干热稳定性，沸水收缩率可反映纤维湿热稳定性。按国标要求，收缩率测试温度为 190℃，时间为 15min。

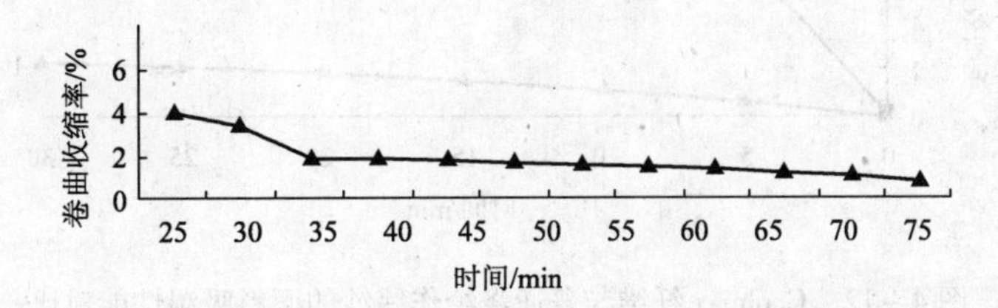

图 4 - 8　Coolmax 纤维卷曲收缩性随碱减量时间的变化

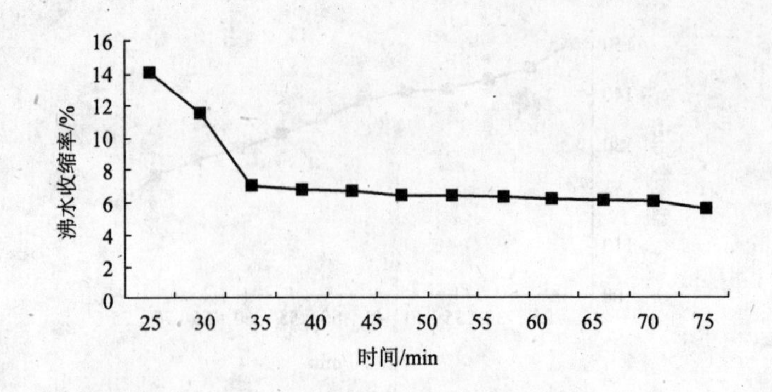

图 4－9　Coolmax 纤维沸水收缩性随碱减量时间的变化

用差热分析仪比较普通涤纶与 Coolmax 纤维的燃烧特性后发现，Coolmax 纤维比普通涤纶更易燃烧。图 4－10 和图 4－11 中分别给出了普通涤纶和 Coolmax 纤维在 180～240℃之间的燃烧曲线。数据表明，Coolmax 纤维燃烧时单位质量所消耗的能量低于普通涤纶，这可能与 Coolmax 纤维比表面积大于普通涤纶比表面积有关。

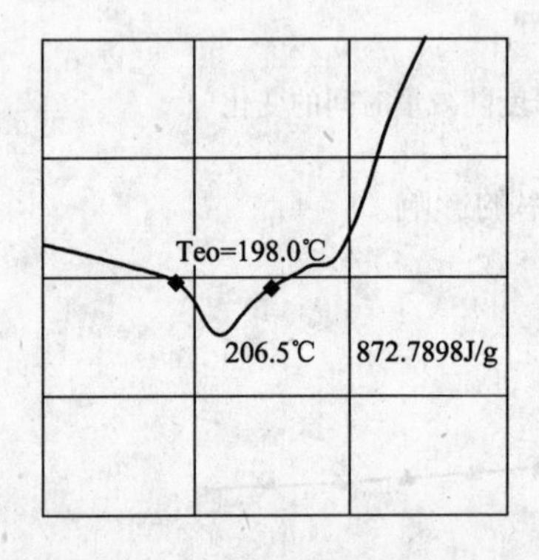

图 4－10　普通涤纶燃烧曲线

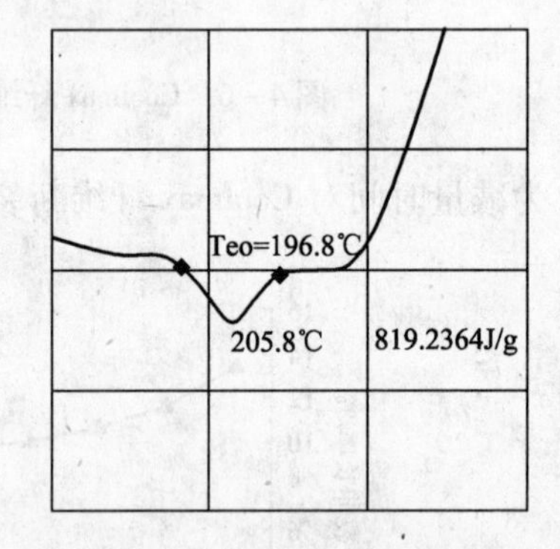

图 4－11　Coolmax 燃烧曲线

⑤面料性能。

A. 吸湿性：纬纱不同，成品定形后两种面料在 30min 内通过毛细管效应测试仪测试的液面爬升高度区别较大。图 4－12 中显示 Coolmax 初始吸湿能力远远大于减量后普通涤纶。

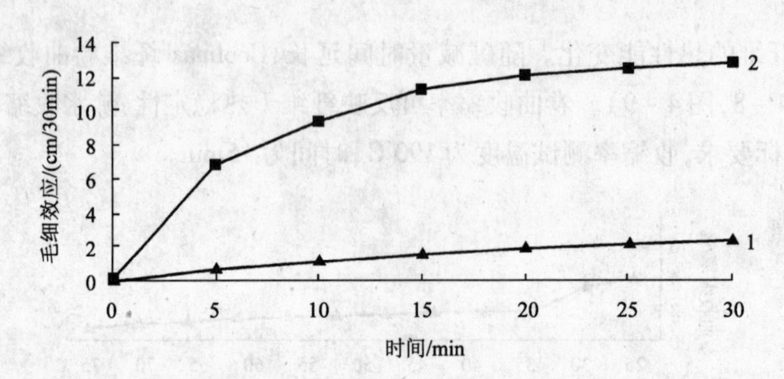

图 4－12　Coolmax 纤维与普通涤纶作纬纱的面料吸湿性能对比

1—纬纱为 333dtex 涤纶　2—两根 166dtexCoolmax 纤维并股纬纱

B. 透湿性：棉/涤仿牛仔面料重量均为10g，纬纱分别为普通涤纶和Coolmax。浸轧清水后纬纱为Coolmax纤维的面料重量为17g，纬纱为普通涤纶面料重量为14.6g。烘干不同时间后面料重量变化见图4-13。按国标GB/T12704.1《纺织品 织物透湿性试验方法 第1部分：吸湿法》测量上述两种面料透湿量，纬纱为Coolmax纤维的面料透湿量为8600g/(m^2·24h)，而纬纱为普通涤纶的面料透湿量为4100g/(m^2·24h)。

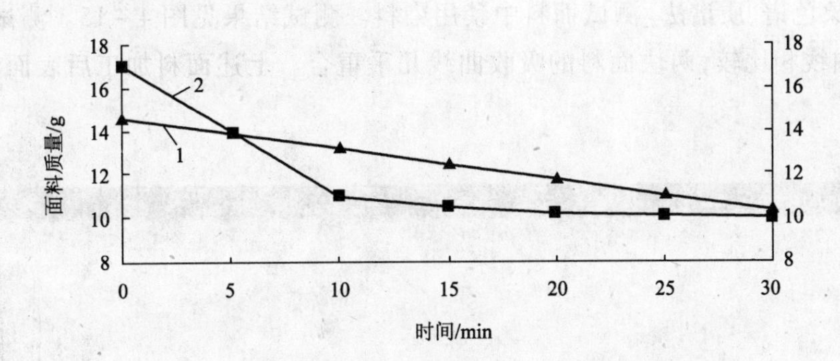

图4-13 Coolmax纤维与普通涤纶作纬纱的面料透湿性能对比

1—纬纱为333dtex涤纶 2—两根166dtex Coolmax纤维并股纬纱

C. 透气性：按国标GB/T 5453《纺织品 织物透气性的测定》测量面料透气性能，纬纱为Coolmax纤维的面料透气量为122mm/s，而纬纱为普通涤纶的面料透气量为107 mm/s。

D. 柔软性：织物的柔软性越明显，其硬挺程度越低。参照国标GB/T 18318《纺织品 织物弯曲长度的测定》要求，测试面料纬向硬挺程度。减量时间越长，面料硬挺度越低（图4-14）。

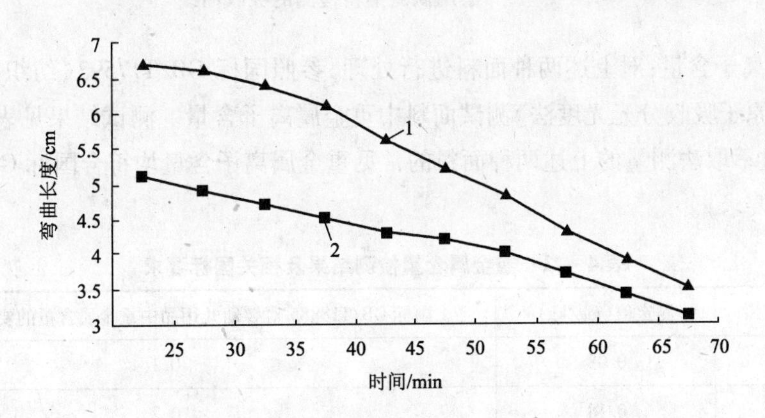

图4-14 两种面料纬向硬挺度对比

1—纬纱为333dtex涤纶 2—两根166dtex Coolmax纤维并股纬纱

E. 导电性：参照FZ/T01042-1996《纺织材料 静电性能 静电半衰期的测定》标准测量上述两种面料的导电性能。测试结果表明，Coolmax纤维作纬纱的面料，其静电半衰期不到1s，而普通涤纶作纬纱的面料，其静电半衰期均大于1s。

⑥面料生态性。

A. pH值：参照国标GB/T 7573《纺织品 水萃取液pH值的测定》方法测试两种面料的表

面 pH 值。测试结果表明,两种面料表面的 pH 值为 5.9～6.1 之间,符合国标 GB/T 18885《生态纺织品技术要求》的相关要求。

B. 游离甲醛含量:参照国标 GB/T 1912.1《纺织品　甲醛含量测定　第一部分　游离水解的甲醛(水萃取法)》测试方法测量上述两种面料的游离甲醛含量,均未检出游离甲醛。

C. 禁用染料:对上述两种面料进行处理,参照国标 GB/T17593《纺织品　禁用偶氮染料检测方法 气象色谱、质谱法》测试面料中禁用染料。测试结果见图 4－15。测试结果表明,与标准吸收曲线相比较,两块面料的吸收曲线几乎重合。上述面料加工后表面无禁用偶氮染料残留。

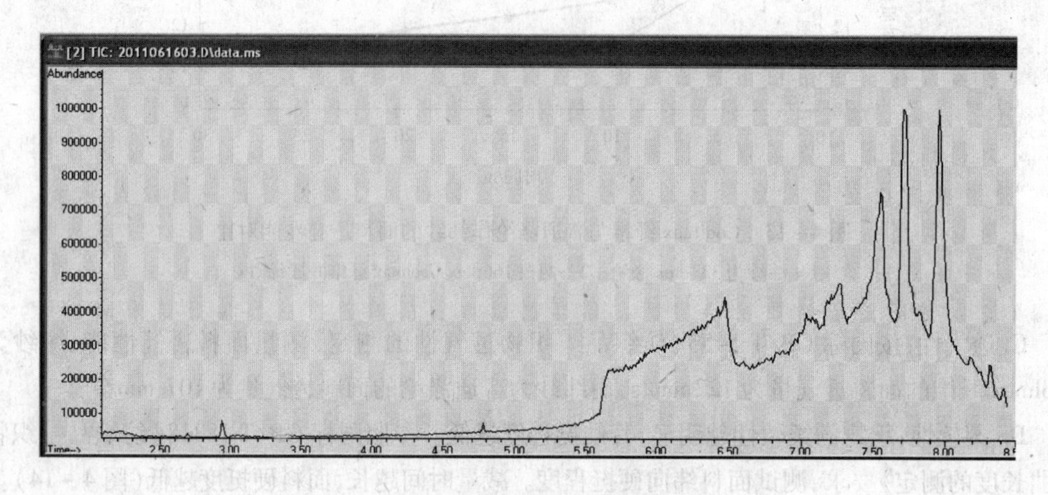

图 4－15　禁用偶氮染料检测的吸收曲线

D. 重金属离子含量:对上述两种面料进行处理,参照国标 GB/T17593《纺织品　重金属离子检测方法　原子吸收分光光度法》测试面料中重金属离子含量。测试结果见表 4－21。测试数据表明,通过萃取法测量的上述两种面料的常见重金属离子含量均符合国标 GB/T 18885《生态纺织品技术要求》。

表 4－21　重金属含量检测结果及相关国标要求

元素名称	测定值(mg/kg)	国标 GB/T18885 对婴幼儿用品中重金属含量的要求(mg/kg)
Cd	0.08	0.1
Pb	0.18	0.2
Cr	0.34	0.5
Co	0.64	1.0
Cu	8.23	25
Ni	0.79	1.0

⑦面料染色性能。

A. 染色牢度:参照表 4－20 中相关标准,测试上述两种面料的耐水牢度、耐皂洗牢度、耐汗渍牢度、耐日晒牢度和耐摩擦牢度。测试结果见表 4－22。结果表明，面料的各项染色牢度符合国标 GB/T 18885 的相关要求。

表 4－22　面料染色牢度测试结果

测试项目		纬纱为普通涤纶		纬纱为 Coolmax 纤维	
耐水		褪色	4	褪色	4
		沾色	4	沾色	4
耐皂洗		褪色	3－4	褪色	3－4
		沾色	4	沾色	4
耐汗渍	酸性	褪色	4	褪色	4
		沾色	4	沾色	4
	碱性	褪色	4	褪色	4
		沾色	4	沾色	4
耐晒		4		4	
耐摩擦		干摩	3－4	干摩	3－4
		湿磨	3	湿磨	3

B. 染深性：根据库贝尔卡－蒙克（KUBELKA－MUNK）方程式，通过电子测色配色仪测量上述两种面料的表面深度值。表 4－23 中数据显示，在最大吸收波长时碱减量面料表面深度高于未减量面料；纬纱为 Coolmax 纤维的面料其表面深度高于纬纱为普通涤纶的面料。

表 4－23　面料表面深度对比

序　号	面料纬纱规格	加工状态	最大吸收波长	K/S 值
1	普通涤纶	直接染色	$\lambda_{max}=580nm$	19.26
2	普通涤纶	碱减量后染色		22.33
3	Coolmax 纤维	直接染色		24.14
4	Coolmax 纤维	碱减量后染色		28.72

C. 染色条件：浴比 1∶20；染色 70℃，20min；固色 70℃，20min；皂洗前水洗条件：45℃，10min；皂洗前水洗处方：净洗剂 1g/L；皂洗条件：90℃，5min；皂洗处方：液皂 2g/L；皂洗后水洗要求：用自来水冲洗试样表面至中性，可用试纸检测试样表面 pH 值；染色工艺流程示意图见图 4－16。

⑧整理。纬纱为 Coolmax 纤维的棉涤仿牛仔面料，成品定形时若加入非亲水性柔软剂，面料的吸湿性明显下降。为改善面料手感，保持面料吸湿性，成定时可加入少量亲水性柔软剂。轧清水定形对面料吸湿性能影响最小。

（3）结论。

①Coolmax 纤维作棉/涤仿牛仔面料的纬纱，可明显提高面料的吸湿排汗性能。

②该面料经减量后染色，其吸湿排汗性能、染深性和导电性有所增加。

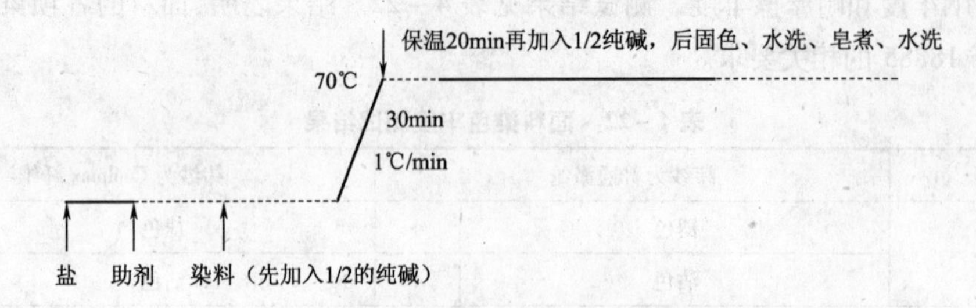

图4-16 染色工艺流程示意图

③减量温度100℃,时间小于60min,烧碱加入量5g/L,促进剂加入量1g/L。

④成品定形时使用亲水性有机硅柔软剂,对面料吸湿性影响较小。

⑤普通涤纶作纬纱,面料硬挺性较明显。

思考题

1. 涤/棉弹力汗布漂白工艺流程如何?
2. 涤/棉府绸漂白织物加工的工艺流程、工艺条件和工艺配方如何?
3. 涤/锦交织织物染整加工的工艺流程和工艺设备如何?
4. 涤/棉针织物通常需要进行哪些整理加工?
5. 涤/毛/腈/黏混纺产品烧毛时,需要注意什么?
6. 如何制定T/R仿毛产品染整工艺?
7. 根据下列混纺针织物的工艺流程选择工艺设备。

①涤/棉针织特白汗布:配缸→理布→缝头→煮漂→复漂、增白→柔软处理→脱水→烘燥→开幅、定形→检验→包装

②锦/涤交织针织高温高压经轴染色布:配缸→理布→缝头→前处理→脱水→定形→经轴打卷→染色→柔软处理→经轴退卷→脱水→拉幅→检验→包装

③腈/棉交织针织物:配缸→理布→缝头→前处理→腈纶染色→柔软处理→脱水→烘燥→超喂轧光→检验→包装

情境5　染整新产品开发

✻ 学习目标

1. 了解染整新产品开发的基本要求和步骤；
2. 了解染整新产品成本核算的一般方法；
3. 了解染整新产品鉴定的一般程序；
4. 能够编制染整新产品开发的初步方案。

✻ 案例导入

2000年10月，浙江恒逸新合纤面料开发股份有限公司与国家纺织工业总会签订了Lyocell纤维制品开发的技术合同。合同中注明，2001年底前浙江恒逸新合纤面料开发股份有限公司完成系列Lyocell纤维制品开发任务。建立Lyocell纤维制品产业化示范基地，形成年产Lyocell纤维制品20万米的加工能力。产品加工水平须达到国际同类产品先进水平，处于国内领先。2001年8月，国家纺织工业总会在北京举行新产品鉴定会。以中国工程院院士周翔为主任的鉴定委员会在鉴定报告中签署了如下意见：浙江恒逸新合纤面料开发股份有限公司开发的系列Lyocell纤维制品，色泽艳丽，手感柔糯，各项技术指标达到了国际同类产品先进水平，处于国内领先。产品检测报告真实可靠，产品标准能够指导批量生产，其他鉴定资料齐全。希望浙江恒逸新合纤面料开发股份有限公司能够再接再厉，加速推进产业化示范工作，为我国天丝系列面料的生产做出更大的贡献。

综上所述不难领会，企业承担重大科研开发项目需要签订相关合同；重大新产品鉴定需要通过国家层面的有效组织才合法有效；重大新产品鉴定工作需要一个团队不懈的努力才能如期完成；重大新产品鉴定需要准备大量的基础资料。那么，在日常工作中一般印染企业如何进行新产品开发呢？在新产品开发过程中需要注意哪些问题呢？希望通过系统学习，能够找到答案，为今后继续从事纺织产品的开发打下坚实基础，拓宽职业发展途径。

任务5－1　新产品开发的基本内容

学习任务5－1　新产品开发的基本流程

•知识点

(1)了解新产品开发的一般步骤；

(2)了解产品开发方案的基本内容；

(3)了解染整新产品检验标准的主要内容;

(4)了解染整新产品鉴定的一般过程。

•技能点

(1)能提炼客户要求;

(2)会编制染整产品开发草案;

(3)会设计染整产品试验方案。

•相关知识

1. 染整新产品开发策划

确认新产品开发来样时,需注意以下方面:来样的手感、风格、门幅、厚度、弹性和强度。不仅在匹样确认时需注意以上六个方面,在大批量生产中也需注意控制这些方面。在新产品开发的样品确认中,颜色控制可放在次要位置。

(1)工艺策划。工艺策划过程实际上就是产品品质策划过程。匹样确认过程中坯布设计与生产以后的所有环节与染厂关系密切。在新产品开发过程中染厂是以满足客户要求为中心、以产品控制为纽带、反复运用 PDCA 循环的方法和统计技术、不断计划和实施计划的过程。该过程可以用图 5-1 表示:

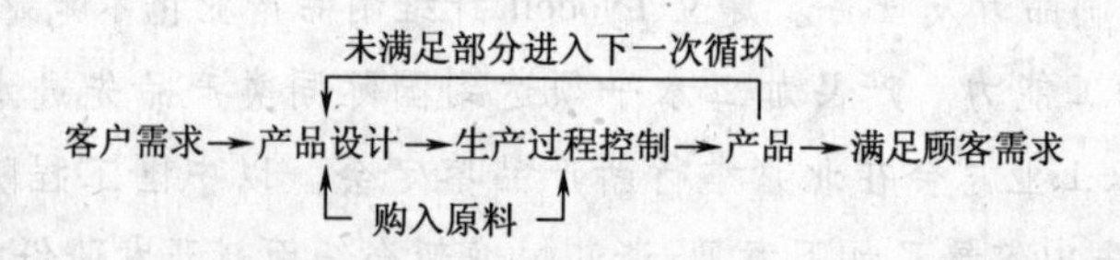

图 5-1 新产品开发过程

把客户对产品的基本需求转化为样品确认,通过过程控制和质量策划,把客户的要求转化为生产工艺,这样的过程就是产品的质量策划。产品质量策划是生产过程的开始,新产品开发人员对样品的质量策划,对于企业的生存与发展至关重要。

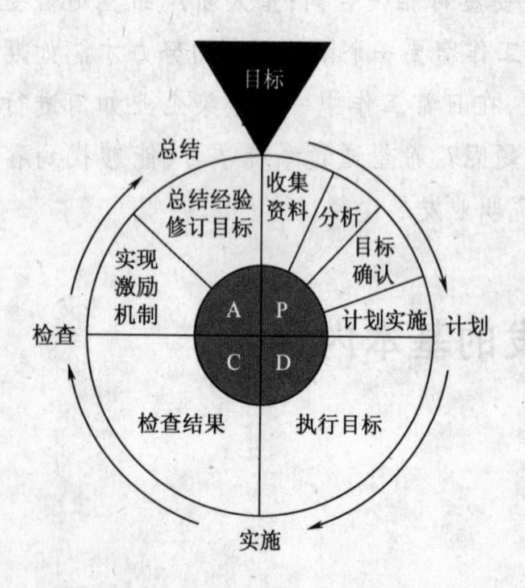

图 5-2 PDCA 循环的基本步骤

(2)PDCA 循环。在质量管理过程中,经常会出现 PDCA 循环的字样。实际上 PDCA 循环指的是质量管理中最常用的一种管理方法(图 5-2)。PDCA 分别是四个英文单词的缩写,分别代表了 plan、do、check 和 action。

P 代表计划,它包括质量方针和质量目标的确定,也包括各种其他活动计划的制订。

D 代表实施,也就是具体运作和执行前面制定的计划。

C 代表检查,就是要检查执行计划的进度、结果和存在的问题,便于总结或处理。

A 代表总结,总结检查的结果,总结整个循环运行过程中发现的问题。

在上述循环过程中，每个步骤都是非常重要的。俗话说凡事“预则立，不预则废”，说的就是计划的重要性。再好的计划不实施，也只能变成束之高阁的废纸，按计划行动才是最重要的。检查实施进度和实施过程，便于问题的发现和过程控制。通过检查，可以及时总结成功的经验和失败的教训。有时深刻地总结失败的教训比总结成功的经验更重要。凡事不可“毕其功于一役”，对于没有解决的问题，可留给下一个 PDCA 循环去解决。总结包含三个方面的含义：第一，总结整个循环的全过程；第二，总结成功的经验，逐渐形成标准；第三，找出存在的问题，进入下一个循环过程。没有细致、深刻、全面的总结，就没有进步和发展。在整个循环运行过程中，策划、检查、协调、服务、总结等方面，都需要各级主管进行控制。

PDCA 循环的四个过程不是运行一次就完结，而是周而复始地进行。一个循环结束了，解决了一部分问题，可能还有问题没有解决，或者又出现了新的问题，再进行下一个 PDCA 循环，依此类推。每个染厂的整体运行，都是由其内部众多系统在运行过程中构成了复杂关系，由大环带动小环组成有机的逻辑整体。循环的最后一个特点就是它的阶梯式上升。PDCA 循环不是停留在一个水平上的循环，不断解决问题的过程就是水平逐步上升的过程。关于 PDCA 循环的特点，见图 5－3。

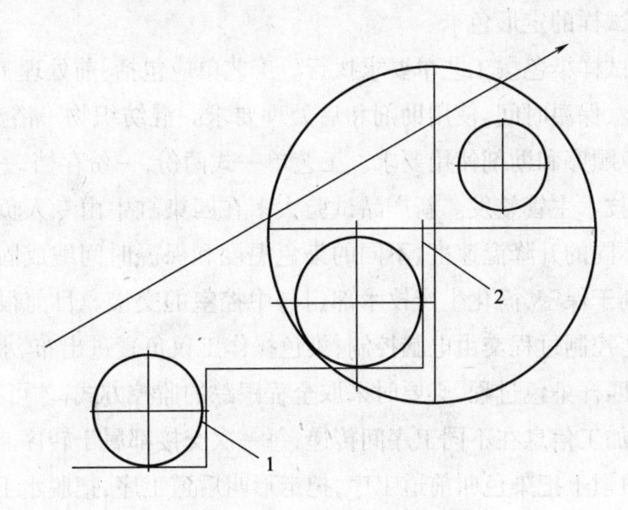

图 5－3 PDCA 循环上升示意图

1—原有水平 2—新的水平

(3) 工艺实施。再好的策划也需要实践的检验，新产品开发试样确认的过程也是如此。如何按工艺计划基本要求进行试验，在试验中如何把客户的基本要求通过有效的交流及时准确地落实到工艺中来，都是工艺实施阶段的主要任务。完成这些任务需要开发人员实施有效的过程控制。

①样品的入库与备缸。试样坯布入库与大宗坯布入库要求相同。试样坯布入库以匹为单位。每匹试验坯布的米长、品质须作记录，以便计算经向缩率，改善坯布织造品质。如开发人员要计算新品种经向缩率，需在备布阶段提醒操作工把匹布米数登记在试样流程卡上。待该匹试样布检验包装完成后，可通过成品米数计算匹样经向缩率。试样经向缩率关系到成品经向缩率

和产品成本。

②点色。新产品开发员把匹样染色计划以书面形式转告生产技术部值班人员的过程叫做点色。点色的凭据是坯布入库单。点色可在点色卡上完成。点色卡主要内容应包括:试样坯布规格、颜色、前处理要求、染色牢度要求和后整理要求等。后整理要求应包括:定形要求、柔软要求、罐蒸要求、轧光要求和其他要求。定形要求主要包括:门幅、成品平方米重(成品密度或成品厚度)、缩率要求、挂码方式和手感等。柔软要求主要包括:柔软方式(浸渍或浸轧)、滑爽或蓬松、布面扒丝程度。其他要求主要包括:功能整理,如防水、阻燃、易去污、芳香、抗静电等;质量要求主要包括,水洗牢度、摩擦牢度、日晒牢度和其他有关纺织品生态性方面的要求等。新产品开发点色时,点色值班员要问清产品经纬纱原料组成、捻度、有无氨纶或其他特种纤维。可要求开发人员提供成品手感样品。如新产品开发员对此有明确要求,则有利于匹样的染整加工。如新产品开发员有特殊要求,须在点色卡中写清。必要时新产品开发匹样确认的点色过程可由生产主管亲自完成。

③打样。新产品打样坯布由开发员剪取,打样前需洗涤。需特殊前处理的打样用布也由产品开发员剪取。打样配方准确是确定染色工艺的前提条件之一。来样与打样用布规格不同时,大样很难打准。此时打样员、产品开发员需与客户及时沟通。为加强颜色控制,定形班长应协助开发部门剪取新品试样的定形色卡。

④染色。新产品试样染色按工艺单要求执行。工艺单应包括:前处理工艺要求、染色配方、染色温度、升降温速度、保温时间、使用助剂和后处理要求。混纺织物一浴法、一浴二步法或二浴法染色,须说明染色顺序和助剂使用要求。工艺单一式两份,一份存档,一份交染色班长。新产品试验工艺由生产技术主管签发。新产品试验大多在匹染缸中由专人负责完成。为简化染色工艺单内容,可把不同的升降温速度、不同的染色温度和保温时间编成固定的工艺号。这样便于填写工艺单,有利于保密,简化生产技术部门与中控室的交接。目前很多染厂为加强过程控制,把染色阶段工艺控制过程交由电脑控制,染色操作工仅负责进出布、水洗和化料进料。产品开发员须密切注视匹样染色过程,必要时采取全程跟踪的监控方式,才可有效控制试样品质。

⑤转序。新产品加工信息在不同工序间传递,每一次交接都属于转序。较明显的转序发生在染色后、定形前。习惯上把染色叫前道工序,把定形叫后道工序,把脱水工序看作是前道的最后一道工序,把开幅看作是后道的第一道工序。前后道生产能力的合理搭配,可明显提高染厂生产效率。

⑥整理。成品定形是最简单的整理加工。门幅、平方米重和手感是主要工艺指标。定形门幅相对容易控制。通过控制新产品纬密,可较好控制其成品克重。手感控制与整理剂浓度、成品门幅和缩率有关。客户在新产品定形时要求经向缩率最小且织物手感最好,这样的要求无法通过工艺控制来实现。可根据纤维性质确定定形温度,根据新产品定形效果确定车速,根据客户要求和织物平整程度确定门幅。根据客户要求和布面拔丝效果,确定成品定形张力、超喂、整理剂浓度、轧车压力、热风循环方式和其他辅助工艺参数。常规手感整理通过浸轧柔软剂实现。根据布面拔丝情况逐渐增加柔软剂浓度,可把手感调整到最佳。碱减量织物预定形和成品缩率,是决定成品手感的关键。一味降低经向缩率,会破坏成品的蓬松性和回弹性。特殊整理时

整理方式和整理配方需通过试验完成。新产品试样定形时，开发员须在现场向定形班长提供织物样品，这有利于提高试样成功率。若试样长度较短，在调整定形工艺参数时，很难通过一次定形就完全达到开发要求，可进行第二次甚至第三次定形。若因初次定形时参数无法确定而导致失败，可通过匹染缸适度回修恢复织物手感，以备再次定形。如匹样试验彻底失败，总结经验后进行第二次试验。开发员应把第二次试验的控制重点放在引起第一次失败的工序上。

⑦检验。试样成品检验是全面检验坯布质量和染整加工质量的有效手段。在检验中无论参照什么标准，必须满足客户的要求。染厂有义务为客户提供必要的咨询和帮助，以满足匹样检验所需的必备条件。如场地、工作台、照明、计量工具和检测仪器等。必要时，染厂可通过第三方检验确认加工质量水平。

(4)工艺控制。匹样加工的控制以现场为重点，开发员需按工艺流程进行全程跟踪。在控制中需要通过耐心地交流，向各工序提出具体要求，必要时可采纳操作工的建议。开发员在匹样工艺控制中适当做些记录是必要的，有利于大批量生产中的工艺调整。这种调整包括工序的加强和简化。

(5)工艺讨论。受各种因素影响，试样加工结果往往不尽人意，需进行工艺调整。工艺调整可通过讨论会形式在生产技术部门内部进行。就匹样加工中的突出问题，由开发员提出请求，由生产技术主管召集内部人员参加。集思广益，解决问题，是召开工艺讨论会的主要目的。参会人数与匹样加工中存在的问题多少有关。涉及的部门与工序越多，产品开发对染厂今后的发展越重要，参会人数就应越多。必要时染厂高层主管也可参加工艺讨论会。以质量统计中排在第一位的疵点为主要攻关目标，发动全体员工，共同献计献策，找出可能产生染疵点的一切原因，绘制成如图5-4所示“鱼骨图”。

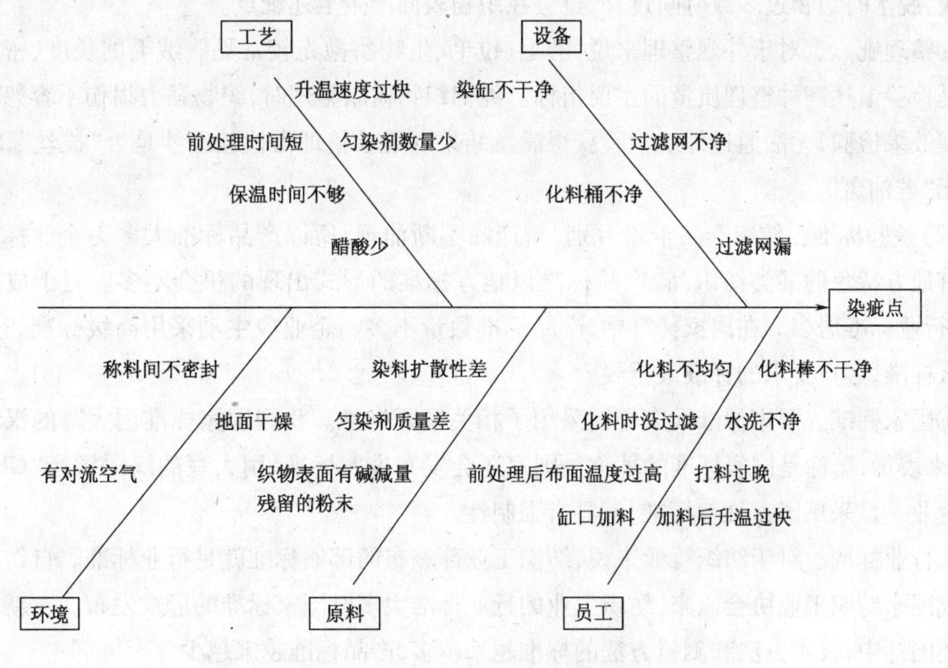

图5-4 染疵点成因分析“鱼骨图”

(6)工艺确认。新产品开发的染整工艺确认是在匹样试样、工艺讨论与交流基础上完成的。确认后的工艺可成为染厂技术开发的档案。工艺确认包括两方面,一是工艺流程,二是工艺参数。而工艺流程和参数的确认又可分为前处理阶段、染色阶段和整理阶段,整理阶段工艺流程和参数的确认相对复杂。

2. 产品检验

(1)外观检验。新产品外观检验从颜色准确性开始,检验流程为:颜色准确性→织造疵点→原料疵点→前处理疵点→染色疵点→整理疵点。当颜色准确性出现争议时,可根据计算机测色配色的测量结果解决。

①原料疵点。原料条干不均匀,有明显大肚纱、胖瘦丝、接头过多、纱结、异性纤维、网络丝不良、氨纶包覆丝质量不好、混纺纱混合不均匀等,都可引起织物降等。有些颜色不便于发现原料的质量问题。

②织造疵点。无论哪种织造设备,都会产生织造疵点。产生疵点的原因是多方面的,设备本身、原料方面、环境的温度和湿度、操作者的技术水平、织物的组织结构都是影响因素。以机织物为例,断经断纬、缩纡缩纬、停车痕、纬档、接头、错经错纬、嵌条经纬纱错位、纬密过密过稀、布边松懈、卷布轴松动、上机门幅过窄、组织结构错误等,都属常见疵点。

③前处理疵点。不同品种,前处理疵点不同。纯棉或涤/棉漂白织物的白度是否合格很重要。对于涤纶强捻织物来说,碱减量后的强度很重要。烂花的涤/棉产品、生物酶抛光的磨毛棉织物和 Lyocell 纤维织物,强力损伤很重要。有时前处理疵点在本工序无法发现。

④染色疵点。染色疵点在织物表面有别于底色,并呈不规则外形,色点、色斑、色迹是最常见的。染色中堵缸或断头,会在织物表面产生"鸡爪印"等疵点。仿毛产品染色降温时冷水加入过快,脱水时织物过多或时间过长,也会在织物表面产生上述疵点。

⑤整理疵点。对于外观整理来说,磨毛、拉毛、生物酶抛光较常见。绒毛的长度、密度和均匀度是检验上述三种整理质量的主要指标。纯棉织物树脂整理时,织物强力损伤不容忽视。功能整理效果检验,无法通过外观检验获得满意结果。柔软整理需检验经纱是否"拔丝",织物表面有无"硅油斑"。

(2)检验标准。纺织产品千差万别,新产品不断涌现,所以产品标准大多为企业标准。对于具有地方特色的某类纺织品,产品标准以地方标准的形式出现的机会不多。对于成熟纺织品,以行业标准居多。在国家标准中,产品标准数量不多。企业应主动采用高级标准。无论采用什么标准,客户要求的标准最重要。

①国家标准。国家标准大多等同采用了相关国际标准。我国国家标准用大写的汉语拼音"GB"来表示,国标是国家标准的简称。国家还会发布推荐标准,用大写的汉语拼音"GB/T"表示。企业一旦采用国家推荐标准,就具有强制性。

②行业标准。对于纺织行业来说,纺织工业部颁布的部颁标准就是行业标准。自纺织工业部转成国家纺织工业协会以来,纺织工业的行业标准大多以国家标准的形式发布。在新发布的纺织类国标中,技术方法和测量方法的标准越来越多,产品标准越来越少。

③地方标准。以地名出现的纺织产品数量不少,但纺织产品的地方标准却很少出现。如南

通特产的蓝印花布就是具有鲜明地方特色的纺织产品。但该产品却没有地方标准，只有企业标准。当一个产品可以改变人们的生活时，业内人士才关心产品标准。如电子计算机的操作系统标准，第三代手机的3G标准等。作为行业领跑者，有权制定产品标准，这样就可以提高行业准入条件，把竞争者甩在后面。

④企业标准。在形式上，企业标准处于系列标准底端，但其在现行产品标准中占有重要地位。随着以来料加工为主要生产形式的民营企业逐渐成为我国印染行业的主力军，印染企业制定企业标准的数量急剧减少。来料加工时，客户要求是唯一标准。专业化分工的结果使民营中小印染企业在技术上和管理上无法承担开发新产品的所有责任。

⑤四分制标准。四分制标准，最早由美国提出。此标准便于执行，被广泛接受。在"四分制评分法"中，对于任何单一疵点的最高评分为四分。无论布匹存在多少疵点，对其进行的每直线码数（Linear yard）疵点评分都不得超过四分。对于经纬和其他方向的疵点将按以下标准评定疵点分数：

一分：疵点长度为7.62cm（3英寸）或低于7.62cm（3英寸）；

两分：疵点长度大于7.62cm（3英寸）小于15.24cm（6英寸）；

三分：疵点长度大于15.24cm（6英寸）小于22.86cm（9英寸）；

四分：疵点长度大于22.86cm（9英寸）。

对于严重的疵点，每码疵点将被评为四分。例如：无论直径大小，所有的洞眼都将被评为四分。对于连续出现的疵点，如：横档、边至边色差、窄封或不规则布宽、折痕、染色不均匀等的布匹，每码疵点应被评为四分。

每卷布经检查后，便可将所得的分数加起来，然后按接受水平评定等级。由于不同门幅的产品须有不同的接受水平，所以，若用以下公式计算出每卷布匹在每83.6m^2（100平方码）的分数，只需制订在83.6m^2（100平方码）下的指定分数，便能对不同门幅的布匹作出等级的评定。具体的计算方法是：

$$(总分数\times 36\times 100)/(受检码数\times 可裁剪的布匹宽度) = 每100平方码的分数$$

⑥客户标准。客户标准对于印染企业来说，就是加工协议中的基本质量要求。而对于产品开发者而言，通过成品检验发现织造和染整加工中的各种疵点，是外观质量检验的主要目的。在与印染厂、纺织厂签订加工协议时，应该实事求是，不可提出过分的质量要求。当客户提出过分要求时，印染厂、纺织厂不应轻易在加工协议上签字。

⑦标准的选择与执行。企业与客户签订加工协议时，可参照四分制标准执行。在检验纺织品外观质量时，选择四分制标准作为检验标准在实际工作中执行，具有较好的操作性。

3. 产品成本核算

（1）纱线规格判断。知道坯布单位面积上经纬纱用量和纱线单价，可计算坯布原料价格。根据坯布样品，通过测量坯布经纬密度和纱线规格计算用纱量。测量经纬纱长度和质量，可算出纱线规格。通过观察和燃烧可基本判断常用纺织原料属性。例如，从坯布小样上拆下来两根合成纤维长丝，经电子天平测得两根均为12cm长的质量为0.0039g，则该纤维单位长度的质量为：

$$0.0039g \div 2 \div 12cm \times 100cm/m = 0.0163\ g/m$$

根据纤维线密度基本定义可知,线密度为:

$$0.0163\ g/m \times 1000 = 16.3\ tex$$

因该纤维燃烧时冒白烟,燃烧后残留物为黑色坚硬物质,可初步确定该纤维为涤纶。常温下用酸性染料、分散染料和阳离子染料分别对坯布小样的纱线染色,也可初步确认坯布原料的基本属性。常温下酸性染料着色最深的原料是锦纶;阳离子染料着色最深的是腈纶或CDP;而上述三种染料都沾色的纤维则为涤纶。纤维素纤维的棉、麻、黏胶或 Lyocell 纤维用上述方法区分相对困难。在实际生产中涤棉混纺纱和涤黏混纺织物坯布的白度有区别,涤黏坯布更白。黏胶纱燃烧时会出现闪燃现象,而面纱则没有。无论通过什么方法判定原料基本属性,最终确认时都需要多听听专家的意见。通过成品判定纤维原料的基本属性比通过坯布判断更容易。

(2)织造费用计算。纺织厂根据原料规格、纬向密度、织造效率、织造难度等因素,最终确定织造费用。机织物在织造中纬密越高,织造效率越低,费用越高。织物组织结构越复杂,织造难度越大,费用越高。通常纺织厂给出的织造费是每厘米坯布的织造价格,这个价格在表达时又往往被"每梭的价格"代替。生产中,用"每 100 梭的织造费用"表达织造价格也较常见。

(3)原料损耗。织造时坯布在卷绕到卷布辊前,要切掉布边。用成品或用坯布小样分析坯布价格时须考虑原料消耗。用坯布小样分析坯辊价格,化纤长丝边组织耗纱量可按坯布单位面积用纱总量的 1.5% 计。以混纺纱为原料的坯布,边组织耗纱量可按坯布单位面积用纱总量的 2% 计;纤维素纤维织物边组织耗纱量可按坯布单位面积用纱总量的 3% 计。以成品小样估算坯布价格时,边组织耗纱量还可适当增加。

(4)坯布价格计算举例。已知 22.22tex(200 旦)涤纶低弹丝价格为 12000 元/吨,每吨涤纶低弹丝包覆氨纶丝时需氨纶 44kg,氨纶单价为 90000 元/吨,氨纶包覆丝加工费 500 元/吨。问:每千克氨纶包覆丝单价是多少?

90000 元/吨 ÷ 1000kg/吨 = 90 元/kg

90 元/kg × 44kg/吨 = 3960 元/吨

12000 元/吨 + 3960 元/吨 + 500 元/吨 = 16460 元/吨

16460 元/吨 ÷ 1000kg/吨 = 16.46 元/kg

坯布经纬纱都是 T22.22tex + 氨 4.44tex(T200 旦 + 氨 40 旦),上机经密为 299 根/10cm,纬密为 180 根/10cm。上机门幅为 206cm,织造时裁边造成的原料损耗为坯布质量的 4%,氨纶按坯布质量的 4% 计算,喷气织机每 100 梭加工费为 0.11 元。问:该双弹织物的单位成本是多少?

①经纱用量。

则 1m 内纬纱的质量为:

22.22tex ÷ 1000 × 299 根/10cm × 206cm × 1m = 137g

②纬纱用量。

单位经向长度内纬纱根数为:1800 根/m;

则整个门幅纬纱质量为:

22.22tex ÷ 1000 × 1800 根/m × 206cm = 82g

③每米的用纱量。整个门幅内每米纱线质量为:

137g + 82g = 219g

若氨纶质量按坯布的4%计算,则其质量估算为8.8g。裁边质量按坯布质量的4%,则为8.8g,那么整个门幅每米坯布质量为:

219g/m + 8.8g/m + 8.8g/m = 237.6g/m

④原料价格。

237.6g/m × 16.46 元/kg = 3.91 元/m

⑤织造加工费。每米有1800根纬纱,即每织造1m需要1800梭。已知每100梭的加工费0.11元,则1800梭加工费为:

1800 梭/m × 0.11 元/100 梭 = 1.98 元/m

⑥坯布成本费。

3.91 元/m + 1.98 元/m = 5.89 元/m

(5)影响纺织原料价格的因素。

①属性。羊毛和涤纶价格相差甚远,是由纤维的产量和生产成本决定的。相同线密度的普通涤纶低弹丝DTY和涤纶牵伸丝FDY价格相差较大,而相同线密度的涤纶牵伸丝和海岛丝价格相差更大。莫代尔、Lyocell纤维与普通黏胶纤维相比,价格相差几倍以上。无论是天然纤维,还是再生纤维素纤维与合成纤维,纤维的基本属性决定纤维的价格。

②线密度。线密度越低、生产效率越低,价格就越高。55.5dtex的涤纶长丝与333.3dtex的涤纶长丝在价格上相差几乎接近一倍。36tex棉纱和18tex棉纱在价格上也有很大区别。所以纤维越细,价格越高。

③股数。以涤纶为例,165dtex/72f的长丝与165dtex/144f的长丝相比,单丝股数越多,聚合抽丝难度就越大,柔顺性就越好,成品手感就越理想。所以165dtex/144f长丝价格较高,棉纱中18tex单纱价格会低于18tex×2股线价格。

④混纺比例。一般情况下,涤棉纱、涤黏纱混纺比例较固定,大多为涤纶65%,棉纱或黏纤纱35%。仿毛织物纱线混纺比例具有明显多变性。如羊毛、涤纶和腈纶"三合一"纱线混纺比例可以是45/35/20,也可以是49/36/15,还可以是51/24/25。总之,随着羊毛在混纺纱中比例提高,纺织纤维价格就会逐渐提高。

(6)染费计算。纺织品染费价格主要受到织物规格、染色、整理加工及其他加工等方面的影响。

①织物规格影响。

A. 密度：长车轧染时，织物密度越高，门幅越宽，染色加工难度越大。所以低特高密纯棉宽幅织物的轧染加工费用就会比普通纯棉织物轧染加工费用偏高。这不仅因为低特高密织物练漂时难度大，密度越高，染料渗透越困难，染色加工工艺条件越苛刻，相对成本就越高。

B. 厚度：长车轧染时，棉织物越厚，染色难度越大。涤纶浸染时，织物越厚，每缸织物米数越短。所以，染色加工费随织物厚度有所增加。

②染色影响。

A. 轧染：轧染棉织物染色牢度较好，织物表面光洁。轧染适合于密度较高、颜色较深的纯棉织物的连续加工。染厂要求的最低加工数量较高，成品手感偏硬，需要染后预缩降低经向缩率和改善手感，与间歇式绳状浸染相比，每米织物的染色费用较高。

B. 卷染：平幅卷染不仅适合于加工棉织物，也适合加工化纤织物。小批量多品种加工方式可更好地满足市场需求。涤塔夫绸织物或尼丝纺织物用分散染料染色价格较便宜，尼丝纺用酸性染料染色加工费稍高。纯棉府绸织物平卷缸活性染料染色加工费在2元/m以下。厚重织物的染色较少使用平卷缸染色。为防止牛仔棉纬弹力织物表面出现染色折痕，也可用平卷缸加工，加工费在2元/m左右。

C. 浸染：绳状浸染最常用。涤/棉、涤/黏、纯涤织物用此染色方法加工量较多。一缸普通纯涤织物以320kg计，长800m，染色加工费1元/m左右；涤/棉用二种染料套色需适当加价，涤/棉套色一致时还须适当加价。T/R仿毛织物染整加工，用分散染料染涤、活性染料染黏胶纤维，后续连接轧光罐蒸工艺，目前加工费用在2.5元/m左右。

D. 颜色：染厂把常用染料在染色配方中的用量是否超过织物重量1%作为区别颜色档次的依据，低于1%是浅色，高于2%是深色，高于3%为特黑，高于4%为特殊颜色。单位长度中染料成本越高，染费价格就越高。

E. 套色：织物上有时会织入一些其他纤维，使成品表面呈现格子或条子。为体现嵌条风格，染色时需在染液中加入其他染料。这样的染色过程常被称为套色。嵌条织物套色加工价格增加不多。如客户要求把交织物或混纺织物中两种纤维颜色染成一种颜色，这样的加工过程叫做套色套平。颜色套平时工艺时间较长，染色难度加大，染费价格较高。

③整理加工影响。

A. 定形：常规产品加工不加收定形费用。有些色织产品或涂层基布无需染色，在加工前需要进行出水定形。出水定形需加收定形费用，加工费为0.4元/m。

B. 轧光：有专门从事轧光加工的企业，根据客户要求对纺织品进行轧光，通常加工费由双方商定，一般情况下加工费为0.5元/m。

C. 轧花：轧花加工可赋予纺织品独特的外观效果。根据轧花花型的复杂性和加工难度，加工费用不同，通常轧花加工费为0.6元/m。

D. 柔软：柔软整理大多在产品定形时通过浸轧柔软剂实现。柔软剂的加入量及其价格决定了柔软整理价格。通常柔软整理加工费用为0.1元/m。

E. 树脂整理：棉织物抗皱性能大多通过树脂整理完成。树脂整理加工费较低，一般为

0.2 元/m。液氨整理属特殊抗皱整理,因整理效果极佳而价格较高。

F. 功能整理:纺织品功能整理形式多种多样,阻燃、防水、卫生、抗菌、抗紫、涂层、抗静电、吸湿排汗、驱蚊、芳香、增深等都属常见方式。整理剂价格和流程不同,加工费也区别较大。如通过特殊整理剂对织物进行防水、抗污、抗静电的联合整理,那么加工费就更高。

G. 预缩:长车轧染加工结束后可通过橡胶毯预缩机进行预缩整理,提高织物尺寸稳定性。预缩整理加工费较低,通常为 0.1 元/m。弹力织物在服装裁剪前有时也需预缩整理,特别是经向弹力织物预缩整理更显重要。弹力织物裁剪前预缩大多在松式汽蒸预缩机上完成。此类预缩设备染厂很少购置,大多由服装厂购置或专门从事弹力织物预缩加工的企业购置。弹力织物预缩加工的费用通常为 0.8 元/m。

H. 植绒:植绒加工可以在纺织品表面产生立体感较强的美丽图形,通常由专业植绒厂来完成。一般情况下,根据织物门幅和花型复杂程度确定植绒加工价格。织物门幅越宽,植绒花型越复杂,需要的绒毛越多,加工费越高。

④其他加工。

A. 碱减量:涤纶强捻织物的碱减量是常用于仿真丝整理加工。通常染缸减量加价 0.2 元/m,两次减量加价 0.4 元/m。

B. 拉毛、磨毛:拉毛、磨毛可赋予织物表面新特性。根据拉毛磨毛的加工难度,使用的设备以及产品加工品质要求,拉毛、磨毛产品加工价格略有不同。通常,拉毛磨毛加工费为 0.4 元/m。有些产品不但需拉毛或磨毛,还需剪毛。有的染厂把剪毛当做产品拉毛或磨毛的一部分,不再加收费用。

C. 抛光:纤维素纤维织物磨毛后的抛光属于新技术。lyocell 纤维织物生物酶处理加工难度也较大,因此抛光加工费用较高。织物在气流柔软机内干式拍打可改善手感。强捻人造丝衬衫面料染整加工后手感较硬,需干式拍打。该加工方法通常费用较高。

D. 检验、打卷与包装:纺织品检验、打卷常连在一起计费,费用不超过 0.1 元/m。纺织品包装费相差较大。产品内外唛费用不太高,而内包装和外包装费相差较悬殊。包装材料与厚度决定产品包装价格。

⑤经向缩率。织物加工中的经向缩率对产品价格影响非常直接。产品经向缩率越大,单位长度坯布生产出的成品米数越短,产品单价越高。若其他费用不变,单价为 15 元/m,其经向缩率每增加 1%,成品价格就上升 0.1515 元/m。产品预定形和成品定形的张力、超喂、门幅和弹性等都是控制产品经向缩率的重点。染色后的预缩和罐蒸对产品经向缩率影响也非常明显,加工时应引起特别注意。

(7)产品价格核算。把纺织品的坯布价格、染费、整理加工费、其他加工费、经向缩率和检验包装费用累计后就是纺织品的加工费用总和,但这样计算往往并不能代表产品的实际价格。通常在纺织品出口贸易中还会产生一些其他费用,如装箱费用、运输费用、次品费用、合理的税费、报关费用和其他费用。以 1000 匹织物计,普通集装箱大柜装箱费在 300 元左右。此货柜从上海周边地区到上海港运输费用在 1500 元左右。一个货柜产品以 60000m 计,那么 1800 元装箱和运输费分摊到 60000m 成品上,产品新增成本 0.03 元/m。通常次品数量在产品总数的 2%

以内,超过2%,则说明产品品质控制有问题。以15元/m的产品为例,如次品数量为2%,由此增加的成本为0.33元/m。

训练任务5-1　编制新产品开发策划方案

•引导文

浙江恒逸纺织品进出口公司收到法国客户的黑色纯锦纶经纬双弹面料一块,要求该公司在两周内提供匹样。客户要求如下:湿摩擦牢度在3级以上;水洗牢度在3级以上;沾色牢度在3级以上;织物表面平整;匹样手感以来样为准。

受浙江恒逸纺织品进出口公司委托,浙江恒逸新合纤面料开发股份有限公司必须在10天内完成上述面料的匹样加工。面料开发部门2天后试制成功40m坯布,染整加工部门根据客户要求进行了详细的质量策划,并在接到坯布小样后截取20m派专人送杭州恒逸印染公司进行产品试验加工。2天后杭州恒逸进出口公司收到了6m试样,经检测发现,面料的各项染色牢度和手感等技术指标均符合国外客户要求,但织物表面出现大量"碎玻璃印"之类的疵点。经工程技术人员分析后认为,杭州恒逸印染公司在加工试样时选择的喷射溢流染色机不能保证纯锦纶经纬双弹面料的表面平整。2天后,杭州恒逸印染公司改用平幅卷染机加工的试样,织物表面平整,其他各项染色牢度也符合客户要求。一周后法国客户接到了浙江恒逸纺织品进出口公司寄来的黑色纯锦纶弹力织物匹样。一个月以后,浙江恒逸纺织品进出口公司与法国客户签订了20万码的纯锦纶经纬双弹面料加工合同。

•基本要求

1. 根据训练任务引导文的提示和学习任务中的相关描述,请自拟新产品名称,并编写开发策划书。

2. 要求注明加工产品的种类;给出产品加工流程;给出产品加工的主要工艺条件和工艺配方;注明产品加工设备选型要求;列出各加工工序使用的主要设备名称;简述上述各种加工设备的主要作用。

任务5-2　新产品鉴定的基本要求

学习任务5-2　新产品鉴定的基本流程

•知识点

1. 了解新产品鉴定的基本形式;
2. 了解新产品鉴定会的人员组成;
3. 了解新产品鉴定会的主要资料;
4. 了解新产品鉴定会的主要流程。

•技能点

1. 能说出新产品鉴定会的基本形式;

2. 能说出常用标准的基本分类；

3. 能说出新产品鉴定会的基本流程。

• **相关知识**

1. 鉴定形式

(1)会议鉴定。最常见的鉴定方式,速度快,效果好。

(2)通讯鉴定。成本较少,时间较长。

(3)网络鉴定。新兴的鉴定方式,需要配备必要的数码设备。

2. 产品鉴定会参会人员

(1)鉴定委员会。业内专家,德高望重,敢讲真话。设鉴定委员会主任1人,副主任1人,委员若干。

(2)服务人员。产品开发小组主要成员和产品鉴定会服务人员。

3. 鉴定会的准备资料

(1)企业产品标准。由企业新产品开发人员起草,送质量监督局备案。企业产品标准的主要内容包括产品的外观质量检验方法和内在质量检测项目与要求。企业产品标准的前言部分可以对新产品企业标准的起草过程作简短说明。

(2)新产品开发任务书。新产品开发的任务来源是多方面的。按照归口管理部门划分有科委项目、计委项目等。按照地域行政管理部门划分有地方项目、省部级项目和国家级项目等。按照资金来源划分也可以分为国债项目、政府贴息贷款项目等。无论产品开发项目类型如何,都由行政管理部门给企业下达新产品开发项目任务书。

(3)技术报告。产品开发技术报告是十分重要的新产品鉴定资料之一,其主要内容包括:

①项目来源;

②国内外同类产品发展水平概述;

③主要工艺方案;

④主要技术指标;

⑤新产品水平综述;

⑥存在不足与努力方向。

(4)产品开发工作报告。产品开发工作报告是新产品鉴定资料的重要组成部分,其主要内容包括:

①新产品开发过程简介;

②新产品主要特点说明;

③新产品在技术上的创新;

④新产品的市场前景展望;

⑤新产品的经济效益和社会效益分析;

⑥相关行业分析;

⑦产品安全性和环境评估说明。

(5)检测报告。新产品鉴定时,开发单位必须出具产品检测报告。新产品检测报告是根据产品标准中技术指标的基本要求,通过具有资质的第三方检测完成的,以此来表明新产品的质量水平。检测报告中必须注明检测方法所采用的标准的代号与名称。检测报告无检测单位盖章无效。

4. 新产品鉴定流程

(1)鉴定专家签到;

(2)鉴定专家选举委员会主任;

(3)鉴定委员会主任发言;

(4)鉴定组织单位代表发言;

(5)新产品开发单位代表发言;

(6)新产品开发单位介绍产品开发情况,汇报新产品技术特点和开发过程;

(7)鉴定专家提问;

(8)新产品开发单位回答专家提问;

(9)鉴定专家考察生产现场;

(10)开发单位回避,鉴定专家讨论产品鉴定意见;

(11)鉴定专家宣布产品鉴定意见;

(12)产品开发单位致答谢词。

训练任务 5-2 编制新产品鉴定会策划方案

•引导文

浙江恒逸新合纤面料开发股份有限公司于 2001 年 6 月在北京召开了“Lyocell 纤维产品鉴定会”。浙江恒逸新合纤面料开发股份有限公司成立了以董事长邱建林为首的产品鉴定会服务小组。经过两天的紧张工作,鉴定委员会主任周翔院士在鉴定报告中写道:产品达到了国际同类产品先进水平,属国内领先。

•基本要求

1. 请根据引导文提示,参考相关学习任务内容完成新产品鉴定会策划方案的编写。

2. 具体内容包括:鉴定会进程表、鉴定委员会签到表、鉴定会服务人员安排与要求、鉴定会资料清单。

任务 5-3 产品加工的设备排列

学习任务 5-3 产品加工量对生产车间加工设备排列的影响

•知识点

1. 了解染整设备生产能力的计算方法;

2. 了解设备台数的计算方法;

3. 了解车速和生产时间的确定依据。

• **技能点**

1. 会计算设备生产能力；

2. 能确认设备台数；

3. 会计算设备负荷率。

• **相关知识**

1. 染整设备的配置

染整设备的型号选定后,即可根据生产任务和设备的加工能力,进行设备的配置计算。设备配置恰当与否,对投产后的生产活动和基建投资都有很大影响。随着世界纺织品市场需求的多变,染整生产技术的不断发展,染整设备正向优质、高效、高速、节能、低耗以及适应小批量加工、一机多用方向发展。新建厂或老厂改造应尽量选配性能好,适应性强的先进、成熟的设备以满足生产要求。

(1)染整设备配置的原则。

①前处理设备根据生产品种和产量确定。前处理的设备根据各种类型染整厂的产品特点和生产要求有所不同,但前处理均应向高效、短流程发展。以印染厂的前处理设备为例,大、中型工厂视加工品种和产量需要,可采用绳状和平幅两种练漂设备以及高速丝光机,小型工厂则以选用平幅练漂设备为宜。对于特厚、特薄、特宽的加工品种,宜分别配置合适的设备。以大卷装进、出布以及运输的方式值得重视。又如丝绸印染厂的丝绸精练设备既要高效率,还应考虑生产规模、品种批量以及技术条件等确定,是配置挂练设备还是连续式精练设备。

②染色设备要适应小批量、多品种的需要。染色设备要适应小批量、多品种的加工需要。大、中型印染厂虽以连续轧染机和热熔染色机为主,也应配以一定数量的卷染机、高温高压卷染机,以及其他形式的适宜小批量染色的间歇式或连续式染色设备。小型印染厂则以小批量生产的染色设备为宜。丝绸染色设备有多种,应按产品特点要求配置。针织物的染色设备也应按产品特点、纤维种类、加工要求等进行配置。

③印花设备要根据印花织物特点和批量进行选择。印花设备应根据印花织物特点、印花批量、印花要求进行选择。大、中型印染厂一般配置滚筒印花机和圆网印花机,或根据需要适当配置平网印花机,以适应花回尺寸大小、小批量和出口印花产品的要求。小型印染厂宜配置圆网印花机或平网印花机。丝绸印花或针织物印花也是采用平网印花机、圆网印花机。

④后整理设备必须能满足加工需要。为提高纺织产品的档次,赋予纺织品某些特殊功能,需加强印染产品的后整理。整理时应结合化学整理与机械整理加工需要,合理配置必要的整理设备。对少数有特殊整理需要的品种,虽然设备负荷率较低,也应予以配置,以满足要求。

(2)染整设备的生产能力。对于连续生产设备来说,染整设备的生产能力,是由车速和生产时间来决定的,设备的车速和生产时间表示如下:

①车速。染整设备的车速要根据设备的性能、生产品种及工艺要求来确定。设备的工艺设计车速一般有两种表示方法:一种是以“m/min”表示,另一种是以“米/台班”表示。前者一般多用于连续运转的设备,如烧毛机、连续轧染机、定形机等,后者多用于间歇式运转设备,或者虽属连续式运转,但却经常停车的设备,如卷染机、印花机等。

②生产时间。一般以 h/天或 min/天来表示。若每天的生产时间用 h/天来表示,可将每天分成几班,每班工作时间为 8h,则每天的生产时间(h/天) = 8h/班 × 运转班数/天 × 有效时间系数。若每天的生产时间用 min/天来表示,则每天的生产时间(min/天) = 8h/班 × 60min/h × 运转班数/天 × 有效时间系数。

有效时间系数是生产中测得的实际生产时间与全部时间的比值。生产中测得的实际生产时间应为全部时间减去非生产时间。非生产时间为生产准备时间(如预加热时间)、调换品种停车时间、计划停车时间(如设备清洁时间)、事故处理时间、机器正常维修或保养等所需时间。一般来说有效时间系数是根据工厂历年设备运转统计资料得出的,数值在 0.7 ~ 0.9 之间,因此:生产时间(天) = 8h/班 × 60min/h × 运转班数/天 × 有效时间系数。

③设备的生产能力。对于连续运转设备的生产能力,一般以设备的工艺设计车速 × 生产时间来计算。如果以每天生产多少米来表示,则:

$$\begin{aligned}\text{设备的生产能力(m/天)} &= \text{工艺设计车速(m/min)} \times \text{生产时间(min/天)} \\ &= \text{工艺设计车速(m/min)} \times 8\text{h/班} \times 60\text{min/h} \times \\ &\quad \text{运转班数/天} \times \text{有效时间系数}\end{aligned}$$

对于间歇式生产设备,如溢流喷射染色机或高温高压筒纱染色机,加工纺织品的生产能力是按重量来计算的,即每机的容布量或容纱量为多少 kg/台(或吨/台)。如果按每台机器每班的产量计算,则设备每天的生产能力可表示如下:

设备的生产能力(kg/天·台) = 设备的容布量[kg/(台·班)] × 运转班数/天

若设备的生产能力要以每年生产多少米来表示,即为设备每天的生产能力(m/天·台) × 生产天数/年·台,或设备每天的生产能力(kg/天·台) × 生产天数/年·台。

(3)染整设备台数的计算。染整主机设备确定之后,须根据生产任务和设备加工能力合理确定各生产设备台数。对于各种设备的生产任务,是按照染整工艺设计方案中确定的产品品种数量,品种工艺流程确定的。

①设备的计算台数。设备的台数是根据各种设备的加工任务和设备的生产能力计算出来的。如设备总的加工任务用 m/天表示,每台设备的生产能力用 m/(天·台)表示,则:

$$\text{设备的计算台数} = \frac{\text{设备总的加工任务(m/天)}}{\text{设备的生产能力[m/(天·台)]}}$$

$$\text{设备的计算台数} = \frac{\text{设备总的加工任务(m/天)}}{\text{工艺设计车速(m/min)} \times 8\text{h} \times 60\text{min/h} \times \text{运转班数/天} \times \text{有效时间系数/台}}$$

在上述计算方法中,设备的计算台数是以每天的平均加工量为计算依据的,实际生产中,每天的加工量往往不是很均衡的,特别现在是按市场需求来进行生产的,加工任务和产品品种情况多变。因而设计单位或建设单位对设备的计算台数,通常是以设备的年加工任务量和设备的年生产能力来计算的。这样既考虑到工厂生产任务的均衡,同时又考虑了前后工序设备配套的问题,比较符合当前实际生产情况,也简化了计算,因而被广泛地使用。计算方法如下:

$$\text{设备的计算台数} = \frac{\text{设备总的加工任务(万米/年)}}{\text{设备的生产能力[万米/(年·台)]}}$$

$$\text{设备的计算台数}=\frac{\text{设备总的加工任务(万米/年)}}{\text{工艺设计车速(m/min)}\times 8\text{h}\times 60\text{min/h}\times\text{运转班数/天}\times\text{生产天数/年}\times\text{有效时间系数/台}}$$

设备配置的最终目的是合理地确定各生产设备的台数，设备台数是根据各种设备总的加工任务和设备的生产能力计算出来的。例如每条平幅前处理生产线的年生产能力为1500万米，而每台布铗丝光机年生产能力为1200万米，则一座3000万米/年的棉布印染厂需要平幅生产线为3000/1500 = 2条，而丝光机需要的台数为:3000/1200 = 2.5台，实际丝光机应配置3台。

②设备的安装台数。设备的计算台数通常答数中常有小数，实际生产中当然不可能安装非整台数的设备，这就需要确定安装台数，通常是取比计算台数大的整数台。大多少合适，这要由负荷率来决定。对于一些间歇式运转的设备（如高压煮练锅、卷染机、高温高压溢流染色机、绳状浸染机、电热压光机等）和一些连续式运转、但变速范围大并经常停车的设备（如滚筒印花机），则应按其实际台班产量计算。

（4）设备的负荷率。根据计算所需的设备台数，确定安装的台数，按下式即可以计算出该设备的负荷率：

$$\text{设备负荷率}=\frac{\text{设备的计算台数}}{\text{设备的安装台数}}\times 100\%$$

设备负荷率的计算对合理确定设备的安装台数具有指导意义。从充分发挥设备的作用和减少投资来说，以设备负荷率高些为好。但对于加工品种多，市场需求变化大，主要设备又不可能配置备用机台，所以应考虑设备的负荷率不宜过高，应留有适当的余地，使生产具有一定的潜力和灵活性。例如，布铗丝光机计算台数为3.9台，如果安装台数选4台，则负荷率为98%，负荷率太高了。如果选5台，则负荷率为80%，比较合理。同时，前后工序或一条生产线中，各设备的负荷率要相对平衡，才能发挥整条生产线的效率。决定工厂生产能力的主要设备是染色机和印花机，前处理和后整理设备的生产能力要与之配套。一般前处理设备的负荷率可适当高些，染色机和印花机的负荷率应适当低些，以使工厂建成后生产上具有一定潜力和灵活性。对于生产能力较大而又必需的设备，如打包机以及加工任务有季节性变化或只加工少数品种的设备（如轧光机、电光机、涂层整理机等），其负荷率较低些也是合理且允许的。

各种设备的加工任务是由工艺设计中的生产规模决定的。生产规模主要包括将要加工的原布品种、成品产量以及产品加工种类分配等，其数量等于工艺设计中的生产规模，即设备总的加工任务（万米/年），是确定染整设备生产能力大小的依据。从而可列出所需要的全部主机设备以及每一台设备每年的加工任务，即填写染整设备生产能力计算表（见表5-1）。

表5-1　染整设备生产能力计算表

序号	机器名称	机械车速(m/min)	设计车速(m/min)	有效时间系数	每年生产能力(万米/年)	工艺设计产量(万米/年)	计算台数	安装台数	机器负荷率(%)	每年运转天数

注　1."机器名称"一栏可按机台加工任务表中所列机台顺次填写。

2. 各机器的机械车速、设计车速和有效时间系数可参看相关设备说明书。

3. 普通卷染机每3台为一组，安装台数一般为3的整数倍。

根据表中所给设备的数据以及该设备的加工任务，便可计算出每种设备所需的计算台数。染整设备生产能力计算表确定了各类机器的安装台数，但还必须确定设备的具体型号。对于每台设备的具体型号的确定，可根据前面所述设备选型的要求，再参考各种型号设备的技术性能、规格及外形尺寸等有关资料来加以确定。同时要结合机器平面排列图，决定各台设备的车别（即左手车或右手车），然后填写“主要染整设备一览表”（见表5-2）。

表5-2 主要染整设备一览表

序号	机器型号及名称	台数		外形尺寸（长×宽×高）(mm)	备注
		左手车(台)	右手车(台)		
	合计台数				

注 主要染整设备的外形尺寸是确定主厂房平面图和进行设备排列的重要数据。在搜集染整设备的性能、技术指标等资料时，一般能直接找到该数据。

训练任务5-3 产品产量分配与加工设备排列

•引导文1

南通纺织染集团第一印染厂年产各种规格的纯棉印染产品3600万米以上，主要分为漂白织物、染色织物和印花织物三类。请根据已经掌握的知识，填写下列表格。要求纯棉府绸占总产量的一半，纯棉纱卡占总产量的三分之一，剩余产品为纯棉线卡。请根据上述提示和要求填写表5-3原布品种和成品产量表。

表5-3 原布品种和成品产量表

序号	织物名称	幅宽(cm)		线密度(tex)		密度(根/10cm)		织物平方米重(g/m^2)	加工种类分配(m)			备注
		原布	成品	经	纬	经	纬		漂布	色布	花布	
1												
2												
3												

表5-4产品加工设备配置表。

表5-4 产品加工设备配置表

序号	种类	漂白布		染色布				印花布			备注
		绳状	平幅	轧染		卷染		滚筒	圆网	平网	
				热熔	连续	普通	高温				
1											
2											
3											
	合计										

• **基本要求**

1. 根据工艺流程确定主要染整设备。
2. 查询并确定主要设备外形尺寸。
3. 根据年产量计算各种设备的台套数量。
4. 在一号图纸上画出设备排列平面图(图5-5)。
5. 在设备排列平面图上注明比例尺。
6. 在平面图上注明设备台套数和外形尺寸。
7. 年产量在500~2000万米之间,具体数量由指导教师设定。

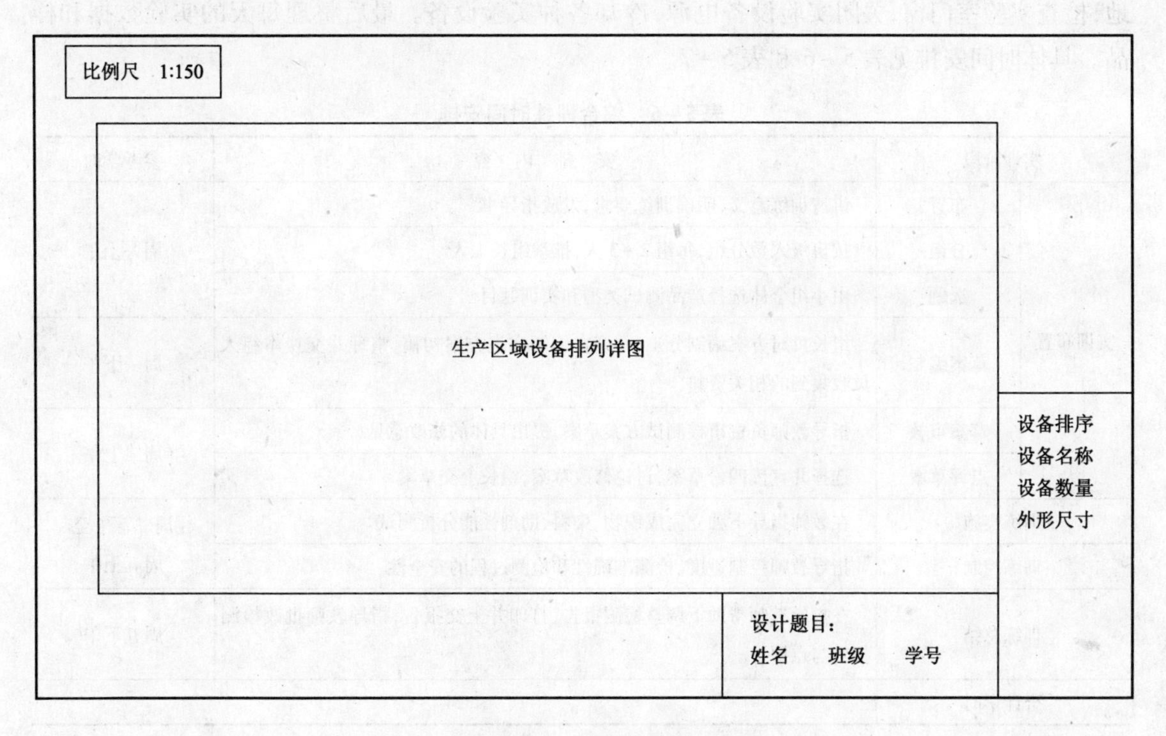

图5-5 设备排列图

设备排列图注释示例(表5-5)

表5-5 设备排列注释

3			
2			
1			
序号	设备名称	台套数	外形尺寸

注 1. 设备名称可不注明型号。

2. 序号排列从下往上,便于增加。

3. 外形尺寸按长、宽、高顺序,用毫米(mm)表示。

训练项目5　新产品开发综合训练

新产品开发综合训练指导书

1. 新产品开发综合训练安排

一般情况下，综合实训每周安排5天，时间为周一至周五，训练课时数为24课时，每天的时间安排为上午8时至11时30分，下午为13点30分至17时。每天16时30分开始清理训练场地，检查实验室门窗，关闭实验设备电源，冷却各种实验设备。最后整理每天的实验数据和样品。具体时间安排见表5-6和表5-7。

表5-6　综合训练时间安排

实训阶段		安排内容	参考学时
实训布置	布置	讲清训练意义，明确训练要求，发放指导书	周一上午
	分组	按班级人数分组，每组2～3人，推举组长1人	
	选题	由小组全体选择产品测试类型和实训题目	
	草案编制	组长可对方案编制分工，并亲自编制实训方案初稿，整理并交换本组人员收集到的相关资料	周一下午
	草案审核	指导教师负责审核测试方案草案，提出具体的修改意见	周二上午
	点评草案	选择并宣读四份草案，讨论修改草案，组长上交草案	
训练实施		在教师指导下独立完成织物、染料、助剂性能分析测试	周二下午至周五上午
训练控制		指导教师控制进度、检测准确性和检测过程的安全性	
训练总结		在指导教师帮助下调整检测报告、打印并上交报告，指导教师批改检测报告与点评	周五下午
合计学时		24	

表5-7　综合训练具体要求

内容	课程内容和教学要求	活动（任务）设计	学时
方案策划	任务布置：说明本课程基本要求、作用、目标、实训的基本方法和考评标准，介绍主要参考资料。必要时可分组	活动：展示优秀作品和不同设计，通过多媒体讲解不同类型的产品设计、课题研究对于不同专业方向今后开展毕业设计的重要意义	2
	产品主要包括：棉织物、化纤织物、漂白织物、色织物、纱线等		1
	草案讨论：学生自拟题目，可开展前处理、染色、印花、后整理工艺设计，也可开展染色效果、整理效果比较、对于自愿提出开展专项研究的学生，指导教师应给予帮助。鼓励学生提出设计方案	活动：通过多媒体展示以往设计题目；点评两位同学工艺设计草案，提出修改意见；同学讲解个案，由其他人点评	2
	草案确认：在指导教师帮助下由学生确认最终产品设计方案	活动：学生上交一份设计方案草案	1

续表

内容	课程内容和教学要求	活动(任务)设计	学时
方案实施	工艺实施:由学生在实验室中按照设计草案独立完成产品工艺设计	开放相关实验室、实训室,指导教师巡回指导学生实验,解答问题,指导操作	8
	效果确认:关键工序工艺效果检验以及相关数据的补充		
方案修改	编制:根据实验结果编制产品设计方案,学生在指导教师的帮助下对设计作总体结构上的调整	指导教师可辅导学生排版,通过电子信箱把综合评语告知学生,选择和整理优秀报告供学生点评	4
	打印:产品设计方案打印之前必须得到指导教师的同意		1
	贴样:指导教师须对关键工艺效果的样品粘贴提出具体要求		1
综合考评	总评:由指导教师规定统一的产品设计打印稿上交时间	选择10个小组进行展示,通过自评和互评,给出综合评定成绩。对于在点评中表现优秀的小组和个人,给予适当加分	4

2. 分组要求

由全体指导教师召集全班学生分组。每班小组数量通常为15~20组,任课的三名专业教师是综合实训的指导教师,其中一名指导教师负责本门课程总评成绩的登记工作。每个指导教师负责的小组数量一般为5~7组,所指导的全体学生数量控制在该班学生总数的三分之一左右。每组2~3人,组长1人。组长负责召集本组人员收集、整理和交换有关资料,协助指导教师控制训练进度,负责执笔起草设计方案(草案)。分组记录表见表5-8。

表5-8　分组记录

分组序号	组　长	组　员	备　注
1			
2			
3			
4			
5			
6			
⋮			

3. 参考题目

染整新产品开发以染整工艺设计和控制为主要内容。染整产品的种类包括机织和针织的半漂织物、漂白织物、色织物、染色织物、印花织物和整理织物。织物的纤维种类主要以纤维素纤维和化学纤维为主。棉织物、麻织物、黏胶织物,涤纶织物、改性涤纶织物、腈纶织物、锦纶织物以及这些纤维的混纺和交织物是主要品种。真丝织物和羊毛织物较少采用。根据不同类型的产品特点和基本要求,设计产品的染整工艺流程、工艺设备、工艺参数和工艺条件,通过实验验证上述工艺,并形成综合报告,就是工艺设计类综合训练的主要目的。训练的参考题目见表5－9。

表5－9 产品工艺设计参考题目

序号	参考题目	序号	参考题目
1	纯棉府绸漂白织物染整工艺设计	13	涤/棉色织物染整工艺设计
2	纯棉针织汗布染整工艺设计	14	涤纶弹力织物染整工艺设计
3	纯棉府绸印花织物染整工艺设计	15	纯棉弹力织物染整工艺设计
4	纯棉纱线染整工艺设计	16	涤纶印花织物染整工艺设计
5	涤/棉纱线染整工艺设计	17	真丝印花织物染整工艺设计
6	涤/棉漂白织物染整工艺设计	18	涤纶改性/涤纶交织物染整工艺设计
7	涤纶塔夫绸染整工艺设计	19	涤纶织物吸湿整理工艺设计
8	化纤轻薄涂层织物染整工艺设计	20	纯棉织物抗皱整理工艺设计
9	涤/棉织物平幅连续染色工艺设计	21	涤/棉织物防水整理工艺设计
10	低特高密纯棉织物连续染色工艺设计	22	涤纶织物阻燃整理工艺设计
11	中长仿毛织物染整工艺设计	23	涤纶织物“三防整理”工艺设计
12	真丝织物染整工艺设计	24	涤/棉针织物涂料印花工艺设计

工艺质量测试主要以前处理、染色、印花和后整理性能测试为主。前处理产品主要测试织物的白度、泛黄程度、毛效,以及影响织物前处理加工效果的各种助剂浓度、助剂性质和工艺条件等因素。也可以比较前处理加工常用助剂的工艺效果,如不同厂家生产的退浆剂、精练剂、润湿剂、漂白剂、稳定剂、净洗剂和酶制剂等。染色产品测试的主要内容通常包括水洗牢度、摩擦牢度、日晒牢度、汗渍牢度、升华牢度、熨烫牢度、色差、颜色均匀性、染料环保性、织物表面pH值、颜色鲜艳度、表面深度等方面。围绕产品染色性能测试,可进一步测试染料基本性能,找出影响产品染色性能的主要因素,比较不同染料生产厂家产品的基本性能。而检测印花产品基本性能时,不仅可以参考染色产品检测的相关项目,还需注意检测色浆的渗透性和扩散性。对于涂料印花产品还需检测涂料印花色浆的黏合性。在检测印花产品基本性能时,也可以进一步测试印花用料的基本性能,找出影响产品印花性能的主要原因,比较不同生产厂家产品的区别。无论是染色产品还是印花产品,在检测其产品性能时,可以同时检测染色和印花加工中使用的主要助剂的基本性能以及对产品质量的影响。

经过功能整理剂整理加工的产品具有比较明显的特性。确定功能整理剂赋予织物特性的最佳工艺条件,比较同类功能整理剂的基本性能,是测试整理产品基本性能专项实训的主要任务。色织产品性能测试以整理加工为主。选择题目的方式主要有自拟题目、选择题目和指定题目三种方式。自拟题目需要指导教师的认可。指导教师可以拟定多个题目供学生选择,也可提供多种染整产品供学生测试。测试题目以产品主要特色为关键词。染整产品性能测试类题目的选择也需指导教师的确认。初步可供选择的课题见表5－10。

表5-10　产品性能测试综合训练题目一览表

序号	题　目	序号	题　目
1	纯棉织物半漂加工润湿性能研究	17	去油灵应用研究
2	提高涤/棉漂白织物白度的工艺方法研究	18	有机硅柔软剂性能比较
3	提高纯棉织物直接染料染色牢度方法	19	织物表面 pH 值的控制
4	提高纯棉织物活性染料染色鲜艳度的方法	20	提高涤/棉织物涂料印花摩擦牢度的基本方法
5	阳离子染料配伍值的测定	21	涤纶织物减量工艺研究
6	拼混分散黑染料拼混比例对表面深度的影响	22	涤纶织物多功能整理
7	分散蓝 2BLN 与分散深蓝 HGL 拼混性研究	23	提高涤纶织物染深性方法研究
8	中温性活性染料三原色的筛选	24	碱性条件下染色的分散染料的筛选
9	纤维素纤维织物染色牢度比较	25	分散染料热迁移性研究
10	锦纶织物专用固色剂固色工艺条件的优化	26	涤纶织物抗静电整理
11	湿摩擦牢度增进剂应用性能研究	27	纯棉织物的抗皱整理
12	分散染料/阳离子染料一浴法染色用匀染剂应用性研究	28	涤/棉织物阻燃整理
13	高温匀染剂应用工艺研究	29	涤/黏仿毛织物的“三防”整理
14	活性染料染色代用碱应用研究	30	涤纶织物的增深整理
15	酸性还原清洗剂应用研究	31	活性染料盐感度筛选
16	棉织物退浆剂退浆性能比较	32	涤/棉色织物抗菌整理研究

4. 新产品开发综合报告的编制

由小组长牵头，以小组为单位搜集与题目有关的资料，编制初步的检测方案。方案的主要内容包括：实验目的、产品特点、检测重点、工艺流程、工艺条件、工艺配方、工艺设备、试验进度、预期效果、试验结论和实验总结。

5. 实训方案审核与点评

指导教师召集本人负责的全体学生，逐一讨论、修改和点评本组的实训检测方案，发现学生的亮点，及时表扬。鼓励本组学生继续努力，争取好成绩。进一步明确下一步工作重点，要求全体学生在测试过程中注意安全。

6. 实训实施

(1)指导教师职责。负责指导本组学生完成本次综合实训；对实训中使用设备的安全性和学生的安全性负责；负责审核、修改和点评本组学生的实训方案；负责指导本组学生完成实训；负责确认各小组阶段性测试结果；负责记录本组学生在实训过程中的综合表现；负责给每位学生打出总评成绩；负责指导本组学生通过专项实训提高协作意识和团队精神；负责考核本组学生的实训过程，负责审核、修改本组学生的测试报告，负责精密试验设备的调试与操作，负责指导本组学生正确操作相关实验设备。

(2)实训准备。为顺利完成本项综合实训,染化系校内实训基地必须及时提供专业实训室、待检测的染整产品、染料样品和染整助剂样品。在本组指导教师签字确认以后,学生以小组为单位到实验室指导教师处领取试验材料。根据实验方案初步熟悉试验用设备的安全操作规程。

(3)过程控制。按照实训教学计划要求及时提醒学生们的试验进度,对于进度过快或过慢的小组及时提出口头警告和批评。对于试验结果不明显或实验结论不准确的小组,及时提醒该小组提高认识,在后续测试中必须加强实验过程控制。在实训过程中及时向本组学生说明染料、助剂、药剂的正确使用方法和检测方法,指导和说明实验方法和检测方法,亲自示范试验仪器的安全操作规程,及时提醒和指导本组学生能够正确操作常用实验设备。对于精密仪器的操作,指导教师必须及时联系专业实验教师帮助学生完成操作。在整个专项综合实训中,指导教师必须时刻注意考察本组学生的平时表现,必要时可以进行记录,作为给出本组学生总评成绩的依据。记录的重点是学生们的试验态度、认真程度、思考问题的积极程度,实验操作的正确程度,相互协作的工作态度,试验工作台的整洁程度、实验地面的清洁程度和对待值日工作的认真程度。

(4)训练总结。要求本组学生在规定时间内及时完成初稿编制。必须记录那些没有及时完成初稿编制的学生名单。指导教师必须在规定时间内完成初稿的审阅和修改工作,必要时可以面对面地指导学生排版。对于完成排版的实训测试报告,可以通知学生及时打印上交。在规定时间内没有及时上交打印稿的学生,必须记录他们的名字。指导教师应该及时给出实训测试报告打分,并按实训教学方案要求给每个学生进行综合评分。综合评分包括平时表现和测试报告成绩两部分内容。对于在实训过程中表现优秀的小组长可以进行适当的加分。在上交总评成绩之前,需要再次召集本组全体学生集中,对于他们的精彩表现和明显进步给予表扬和肯定。通过这样的点评方式鼓励每位学生不断进步。当实训全部结束后,全体指导教师需召开一次总结会,检讨和总结本次试训的经验教训,必要时修改实训方案,使下一次实训效果更好。分组汇报评分表见表 5-11,评分记录汇总表见表 5-12。

表 5-11 分组汇报评分表

组别	组长	汇报材料	汇报协作	表达方式	总分
1					
2					
3					
4					
5					
6					
⋮					

打分组长签字:

表5-12　评分记录汇总表

序号	姓名	组别	提纲上交	过程考核			操作考核	作品展示	实训报告	总评成绩
				态度	协作	效果				
1										
2										
3										
4										
5										
6										
⋮										

✻ 知识拓展

•四分制检验标准的基本要求和执行

我国是纺织品生产加工和出口大国，在纺织品国际贸易中最常用的产品外观检验标准就是“四分制”检验标准。“四分制”检验标准也被称作“四分制评分法”。详细了解和熟练掌握四分制检验标准，对于控制纺织品外观质量和扩大纺织品出口都具有重要意义。

1. 机织布分类以及检验要求

(1)全人造布匹、聚酯/锦纶/醋酸纤维制品、衬衫衣料、仿人造纤维织物和精纺毛料，每83.6m^2(100平方码)的扣分值为16~20点。

(2)粗斜纹棉布、帆布、府绸/牛津条纹或方格纹棉布衬衫衣料、仿人造纤维织物、毛织品、条纹或格子花纹布/染成的靛青纱、所有专用布匹、提花织物、灯芯绒、天鹅绒、斜纹棉布、人造布匹、混纺，每83.6m^2(100平方码)的扣分值为20~28点。

(3)亚麻布、薄细棉布，每83.6m^2(100平方码)的扣分值为32~40点。

(4)尼丝纺、涤丝纺，每83.6m^2(100平方码)的扣分值为40~50点。

2. 针织布分类以及检验要求

(1)人造布匹、聚酯/锦纶/醋酸纤维制品、人造丝、精纺毛料、混纺丝绸，每83.6m^2(100平方码)的扣分值为16~20点。

(2)提花织物、灯芯绒、仿人造纤维织物、毛纺品、染成的靛青纱、丝绒，每83.6m^2(100平方码)的扣分值为20~25点。

(3)精梳棉、混纺棉布每83.6m^2(100平方码)扣分为25~30点。

(4)经梳毛机梳理过的棉布每83.6m^2(100平方码)的扣分值为32~40点。

3. 抽样程序

选择待检卷完全是随机挑选。纺织厂需要在一批布匹中最少有80%的卷已打包时，向检验员出示货物装包单。检验员将从中挑选受检卷。一旦检验员选定待检卷，不得再对待检卷数或已被挑选受检的卷数进行任何调整。检验期间，除了记录与核对颜色之外，不得从任何卷中截取任何码数的布匹。对接受检验的所有卷布匹都应判定等级,评定疵点分数。

4. 评定布匹等级的其他考虑因素

(1)重复性疵点。

①任何不断出现的同一疵点都可判定为重复性疵点。对每码布匹内出现重复性的疵点都必须扣4分。

②无论疵点分数是多少,任何有9.144m(10码)以上布匹含有重复性疵点的布卷,都应当被判定为不合格。

(2)全幅宽度疵点。

①每83.6m²(100平方码)内含有多于4处全幅宽疵点的布卷,不得被评定为一等品。

②经向平均每9.144m(10码)内含有一个以上全幅宽疵点的布卷将被定为不合格,无论83.6m²(100平方码)内含多少疵点。

③在头三码或末三码内含有一个全幅宽疵点的布卷都应定为不合格。

④如果布匹在一个织边上出现明显的松线或紧线,或在布匹主体上出现波纹、皱纹、折痕或折缝而导致布匹不平整,这样的布卷都不得评为一等品。

(3)布匹宽度。

①布匹的总体宽度是指从一端外部织边到另一端外部织边的距离。可剪裁的布匹宽度是指除去布匹织边和定形机针孔以内的,布匹主体部分而量度出的宽度。检验一卷布匹时,对其宽度至少要在开始、中间和最后时检查三次。如果某卷布匹的宽度接近规定的最小宽度或布匹的宽度不均匀,那么就要增加对该卷宽度的检查次数。

②如果布卷宽度少于规定的最低宽度,该布卷将被定为不合格。

③对梭织布而言,如果宽度比规定度宽2.54cm(1英寸),该布卷将被定为不合格。但是对于弹性梭织布匹来说,即使比规定的宽度宽5.08cm(2英寸),也可以判定为合格。对针织布而言,如果宽度比规定宽度宽5.08cm(2英寸),该布卷将被定为不合格。但是对于拉架针织布匹来说,即使比规定的宽度宽7.62cm(3英寸),也可被定为合格。

5. 色差评定

对于相同颜色的织物而言,每匹布或每批之间的色差不得低于4级。在色差检验中应从每卷中取15.24~25.4cm(6~10英寸)宽的布条,检验员将使用这些布条来比较同卷内的色差和其他卷之间的色差。同卷布的两边与中间、两边之间的色差或布头对布尾的色差不得低于4级。对于受检的布卷,出现这类色差疵点的每码布将被扣4分。若受检布料与事先确认的样品不符,其色差必须低于4~5级,否则此批货物将被定为不合格。

6. 布卷长度

如果布卷的实际长度与标签上注明的长度偏差2%以上,该布卷将被定为不合格。对于出现卷长度偏差的布卷不再评定其疵点分数,但是须在检验报告上注明。如果所有抽查样品的长度总和与标签注明的长度偏差1%或以上,整批货物将被定为不合格。

7. 接合部分

除非合同中另有规定,对机织布匹而言,整卷布匹可由多段大于36.58m(40码)的布匹连接而成。如果某卷布匹中含有长度低于36.58m(40码)的接合部分,该布卷将被定为不合格。对针织布匹而言,整卷布匹可以由多段连接而成,如果某卷布匹中含有重量低于13.64kg(30磅)的接合部分,该布卷将被定为不合格。

8. 纬斜

对机织和针织布匹而言,出现大于2%弓形纬斜和其他纬斜时,不得评定为一等品;对于印花布、条纹布和灯芯绒布匹而言,出现大于3%的歪斜时不能被定为一等品。

9. 布匹气味

出现臭味的布卷都不能通过检验。

10. 洞眼

布匹破损的疵点,无论破损尺寸的大小,都应扣4分。

11. 手感

照样品进行对比检验布匹的手感,如果出现明显的差异,该卷布匹将被定为二等品。如果所有卷的手感都达不到参照样品的程度,将暂停检验,暂不评定分数。

思考题

1. 什么是新产品?
2. 如何开发新产品?
3. 来料加工型染厂如何开发新产品?
4. 如何描述客户来样的基本特点?
5. 如何策划新产品开发过程?
6. PDCA循环的基本含义是什么?
7. 如何着手实施试验工艺?
8. 如何控制新产品开发试验工艺?
9. 如何讨论试验工艺?
10. 如何确认试验工艺?
11. 新产品检验的主要内容包括哪些方面?
12. 如何区分色迹和油迹?
13. 如何区分染料迹和退浆迹?
14. 产品标准如何分类?
15. 四分制标准被广泛使用的主要原因是什么?
16. 如何理解客户标准在产品开发中的重要作用?
17. 在产品开发过程中,如何选择产品检验标准?
18. 编制纯棉印花产品检验标准的主要内容。
19. 复述四分制标准的主要内容。
20. 新产品成本构成包括哪些主要项目?
21. 如何计算新产品的坯布织造费用?

22. 如何计算新产品的染费?
23. 如何正确传递产品加工信息?
24. 染色加工方法对新产品价格构成有何影响?
25. 严格控制缩率对新产品价格有何影响?
26. 如何合理制定新产品价格?
27. 新产品鉴定有哪些基本形式?
28. 鉴定委员会如何组成?
29. 为什么要制定产品企业标准?
30. 产品开发任务书的主要内容有哪些?
31. 新品鉴定技术报告包括哪些主要内容?
32. 产品鉴定工作报告的主要内容有哪些?
33. 什么样的检测报告才是有效的检测报告?
34. 新产品鉴定的资料有哪些?

参考文献

1. 吴立. 染整工厂设计[M]. 北京:中国纺织出版社,1996
2. 李瑞恒. 印染厂设计[M]. 北京:纺织工业出版社,1987
3. 杨尧栋. 针织厂设计[M]. 北京:纺织工业出版社,1988
4. 上海丝绸工业公司. 丝绸染整手册:上、下册[M]. 北京:纺织工业出版社,1982
5.《印染工厂设计》编写组. 印染工厂设计[M]. 北京:纺织工业出版社,1988
6.《针织工程手册》编委会. 针织工程手册(染整分册)[M]. 北京:中国纺织出版社,1995
7. 盛慧英. 染整机械[M]. 北京:中国纺织出版社,1999
8. 商成杰. 新型染整助剂手册[M]. 北京:中国纺织出版社,2002
9. 陶乃杰. 染整工程(第一~第四册)[M]. 北京:中国纺织出版社,1994
10. 范雪荣. 针织物染整技术[M]. 北京:中国纺织出版社,2004
11. 范雪荣. 纺织品染整工艺学[M]. 北京:中国纺织出版社,1999
12. 上海丝绸工业公司. 丝绸染整手册. 2 版[M]. 北京:中国纺织出版社,1994
13. 上海毛麻公司. 毛织物染整手册[M]. 北京:中国纺织出版社,1994
14. 李锦华. 天丝/苎麻交织平纹布的染整工艺探讨[J]. 印染. 2006,32 (14):24-26
15. 李锦华. 氧漂活化剂 ABO 在亚麻纱线氧漂中的应用[J]. 纺织学报. 2006,27(12):96-98
16. 林杰. 染整技术(第四册)[M]. 北京:中国纺织出版社,2002
17. 盛慧英. 染整机械设计原理[M]. 北京:纺织工业出版社,1984
18. 朱世林. 纤维素纤维制品的染整[M]. 北京:中国纺织出版社,2002
19. 陈立秋. 新型染整工艺设备[M]. 北京:中国纺织出版社,2002
20. "飞霞杯"2004 年江苏省纺织学术论文集[C]. 南京:江苏省纺织工程学会,2005
21. 2005 中国染整技术与发展会议论文集[C]. 杭州:中国印染行业协会,2005
22. 上海市毛麻纺织科学技术研究所. 毛织物染整技术[M]. 北京:中国纺织出版社,2006
23.《浙江省蚕茧丝绸行业统计资料汇编》(1949~1985)[G]. 杭州:浙江丝绸公司,2001
24. 钱小萍. 丝织纹织[M]. 北京:纺织工业出版社,1984
25. 上海市印染工业公司. 印染手册:上、下册[M]. 北京:纺织工业出版社,1978
26. 吴立. 染整工程设备(第 2 版)[M]. 北京:中国纺织出版社,2011
27. 刘瑞明. 实用牛仔产品染整技术[M]. 北京:中国纺织出版社,2004
28. 张林那. 牛仔服装的设计加工与后整理[M]. 北京:中国纺织出版社,2002
29. 刘建华. 纺织商品学[M]. 北京:中国纺织出版社,1980
30. 候永善. 染整工艺学(第二册)[M]. 北京:纺织工业出版社,1995

31. 上海市纺织工业局.纺织品大全[M]. 北京:中国纺织出版社,1992
32. 上海市印染工业局.印染手册[M].北京:纺织工业出版社,2003
33. 罗巨涛.合成纤维及混纺纤维制品的染整[M]. 北京:中国纺织出版社,2002
34. 李允成,徐心华.涤纶长丝生产[M]. 北京:中国纺织出版社,1988
35. 李连祥. 染整设备[M]. 北京:中国纺织出版社,2002
36. 吴震世.新型面料开发[M]. 北京:中国纺织出版社,1997
37. 上海染整工业有限公司. 染整手册[M]. 北京:纺织工业出版社,1987
38. 郑光洪,蒋学军,杜宗良. 印染概论.(第2版)[M]. 北京:中国纺织出版社,2004
39. 邹衡.纱线筒子染色工程[M]. 北京:中国纺织出版社,2004

书目：轻化工程类

	书名	作者	定价(元)
工具书	**【现代纺织工程】**		
	印染分析化验手册	曾林泉	128.00
	纺织品标准应用	吴卫刚　等	150.00
	生态轻纺产品检测标准应用	周传铭　等	80.00
	服装标准应用	吴卫刚	90.00
	化学助剂分析与应用手册(上、中、下)	黄茂福	550.00
	【其他】		
	洗衣店经营手册（赠两张光盘）	北京布兰奇洗衣服务有限公司等编	70.00
	国际纺织业标准色卡	施华民	620.00
	生态纺织品标准	中国纺织工业协会产业部组织编写	60.00
	纺织品大全(第二版)	上海纺织工业局	80.00
	聚酯纤维手册(第二版)	贝聿泷	30.00
	丝绸染整手册(第二版)	陆锦昌　等	80.00
	毛纺织染整手册(第二版)(上、下)	上海毛麻公司	85.00/75.00
	毛纺织染整工艺简明手册	本书编写组	25.00
	染化药剂(修订本)(合订本)	刘正超	100.00
	最新染料使用大全	本书编写组	238.00
	禁用染料及其代用(第二版)	陈荣圻	36.00
	英汉纺织工业词汇(合订本)	本书编写组	50.00
	英汉纺织服装缩略语词汇	袁雨庭	80.00
	英汉化学纤维词汇(第二版)	上海化纤(集团)有限公司等	80.00
	英汉染整词汇	岑乐衍　等	80.00
	英语化学化工词素解析	陈克宁	28.00
	汉英纺织词汇	曹　瑞	80.00
	Reach 法规与生态纺织品	王建平	248.00
	纺织工业节能减排与清洁生产审核	奚旦立	248.00
国家职业标准	印染雕刻制版工	劳动和社会保障部 制定	12.00
	印染染化料配制工	劳动和社会保障部 制定	12.00
	印染丝光工	劳动和社会保障部 制定	11.00
	印染烘干工	劳动和社会保障部 制定	10.00
	印染后整理工	劳动和社会保障部 制定	11.00
	印染洗涤工	劳动和社会保障部 制定	10.00
	印染工艺检验工	劳动和社会保障部 制定	10.00
	印染成品定等装潢工	劳动和社会保障部 制定	11.00
	印染定型工	劳动和社会保障部 制定	10.00
	印染烧毛工	劳动和社会保障部 制定	10.00

书目：轻化工程类

类别	书名	作者	定价(元)
国家职业标准	印花工	劳动和社会保障部 制定	14.00
	煮炼漂工	劳动和社会保障部 制定	11.00
	纺织染色工	劳动和社会保障部 制定	10.00
	【印染技工培训教材】		
	印染行业染化料配制工(印花)操作指南	中国印染行业协会	25.00
本科教材	【“十一五”规划教材】		
	染整工艺与原理(下册)(国家级,附光盘)	赵 涛	42.00
	染整工艺与原理(上册)(国家级)	阎克路	38.00
	针织物染整技术(第2版)(部委级,附光盘)	吴赞敏	45.00
	染整工艺设备(第2版)(国家级)	吴 立	38.00
	印染厂设计 (国家级,附光盘)	崔淑玲	36.00
	纺织化学(部委级,附光盘)	刘妙丽	44.00
	纺织品染整工艺学(第二版)(国家级)	范雪荣	42.00
	功能纤维及功能纺织品(国家级)	朱 平	34.00
	化工设计(部委级)	罗先金	38.00
	染整概论(第二版)(部委级)	蔡再生	38.00
	测色与计算机配色(第二版,附光盘)(部委级)	董振礼	36.00
	科技信息检索(部委级)	滕胜娟	28.00
	轻化工清洁生产技术(部委级)	但卫华 等	36.00
	轻化工专业英语(部委级,附光盘)	崔淑玲	34.00
	染料化学(国家级)	何瑾馨	35.00
	染织色彩原理及配色(国家级,附光盘)	朱谱新	39.8
	纤维化学与物理 (国家级,附光盘)	蔡再生	38.00
	轻化工水污染控制(国家级,附光盘)	柳荣展等	39.80
	表面活性剂化学及纺织助剂	陆大年	34.00
	染整工艺实验教程(国家级,附光盘)	陈 英	36.00
	艺术染整工艺设计与应用(部委级,附光盘)	梁惠娥	39.80
	【“十五”规划教材】		
	纺织品整理学(部委级)	郭腊梅	40.00
	纺织材料实验技术(部委级)	余序芬	48.00
	新编丝织物染整	陈国强	30.00
	皮革加工技术	张丽平 等	35.00
	亚麻纺织与染整	赵 欣	37.00
	【专业双语教材】		
	聚合物化学	约翰·W.尼科尔森	35.00
	合成纤维(“十一五”部委级)	J.E.麦金太尔	35.00

书目：轻化工程类

	书　　名	作　　者	定价(元)
本科教材	纺织品设计手册	杰奎·威尔逊	35.00
	纺织品染整基础	Warren S. Perkins	35.00
	纺织品染色(附光盘)	阿瑟·D. 布罗德贝特	68.00
	纺织品化学整理	W. D. 新德勒	35.00
	有机波谱分析(英文原音朗读)	R. J. 安德森	38.00
	有机合成方法(英文原音朗读)	詹姆斯. R. 汉森	38.00
	【其他】		
	绿色化学通用教程	汪朝阳	28.00
	物理化学实验	刘廷岳	35.00
	环境学概论(第二版)	樊芷云　等	28.00
	高分子化学和物理	赵振河　等	46.00
	染整工艺原理(第一分册)	孙铠　蔡再生　等	32.00
	染整工艺原理(第二分册)	孙铠　沈淦清　等	34.00
	染整工艺原理(第三分册)	孙铠　蔡再生　等	42.00
	染整工艺原理(第四分册)	孙铠　黄茂福　等	35.00
高职、高专教材	**【"十一五"规划教材】**		
	纤维素纤维制品的染整(第2版)(部委级)	蔡素英	42.00
	产业用纺织品	张玉惕	39.00
	染整技术实验(国家级)	蔡苏英	38.00
	印染 CAD/CAM(部委级,附光盘)	宋秀芬	35.00
	染整工艺设计(部委级,附光盘)	李锦华	38.00
	纺织品服用性能与功能(部委级,附光盘)	张玉惕	32.00
	染整技术(第一册)(国家级,附光盘)	林细姣	35.00
	染整技术(第二册)(国家级,附光盘)	沈志平	34.00
	染整技术(第三册)(国家级,附光盘)	王　宏	30.00
	染整技术(第四册)(国家级,附光盘)	林　杰	32.00
	纤维化学及面料(国家级,附光盘)	杭伟明	28.00
	纺织应用化学与实验(国家级,附光盘)	伍天荣	36.00
	印染产品质量控制(第二版)(部委级)	曹修平　等	25.00
	染料生产技术概论(部委级,附光盘)	于松华	32.00
	基础化学(第二版)(下册)(部委级,附光盘)	刘妙丽	34.00
	印染概论(第二版)(国家级,附光盘)	郑光洪	32.00
	染整废水处理(国家级,附光盘)	王淑荣	30.00
	染料化学(国家级)	路艳华	30.00
	染整专业英语(国家级,附光盘)	伏宏彬	33.00
	染整设备(国家级)	廖选亭	32.00

书目：轻化工程类

类别	书名	作者	定价(元)
高职、高专教材	染色打样实训	杨秀稳	39.8
	蛋白质纤维制品的染整(第2版)(部委级)	杭伟明 等	29.80
	纺织染专业英语(第4版)(部委级)	罗巨涛 等	35.00
	【“十五”规划教材】(部委级)		
	基础化学(上册)	戴桦根	35.00
	针织物染整工艺学	李晓春	45.00
	【21世纪职业教育重点专业教材】		
	合成纤维及混纺纤维制品的染整	罗巨涛 等	30.00
	纺织品印花	李晓春 等	28.00
	【其他】		
	染整工程(一、二、三、四)	陶乃杰	26.00/18.00/28.00/20.00
	化学纤维概论(第二版)	肖长发	32.00
中等职业教育教材	无机化学	张金兴	28.00
	分析化学	陈勇麟	28.00
	染整工艺学(一)(第二版)	夏建明 等	34.00
	染整工艺学(二)(第二版)	杨静新 等	28.00
	染整工艺学(三)(第二版)	蔡苏英 等	28.00
	染整工艺学(四)(第二版)	王 宏 等	26.00
职工培训教材	**【印染职工技术读本】**		
	染色	上海印染行业协会	28.00
	织物染整基础	上海印染行业协会	26.00
	印染前处理	上海印染行业协会	30.00
	印花	上海印染行业协会	28.00
	雕刻与制版	上海印染行业协会	26.00
	整装	上海印染行业协会	32.00
	【其他】		
	染料化学基础	赵雅琴 魏玉娟	26.00
	纺织材料基础	瞿才新 等	22.00
生产技术书	**【材料新技术丛书】**		
	超细纤维生产技术及应用	张大省 王锐	30.00
	形状记忆纺织材料	胡金莲 等	30.00
	高性能纤维	马渝茳	40.00
	先进高分子材料	沈新元	32.00
	高分子材料导电和抗静电技术及应用	赵择卿 等	46.00
	膜技术前沿及工程应用	彭跃莲	36.00

书目：轻化工程类

书名	作者	定价(元)
【Dyeing 系列】		
纺织品前处理 336 问	曾林泉	35.00
纺织品印花 320 问	曾林泉	36.00
织物仿色打样实用技术	崔浩然	38.00
圆网印花机的应用	佶龙机械工业有限公司	32.00
纺织品整理 365 问	曾林泉	36.00
羊毛染色	天津德凯化工股份有限公司译	98.00
活性染料染色技术	宋心远	78.00
涤纶及其混纺织物染整加工	贺良震	36.00
机织物浸染实用技术	崔浩然	48.00
染整生产疑难问题解答(第 2 版)	唐育民	38.00
【印染新技术丛书】		
纺织品染色常见问题及防治	曾林泉	30.00
服装印花及整理技术 500 问	薛迪庚	32.00
筒子(经轴)染色生产技术	童耀辉	28.00
纺织品清洁染整加工技术	吴赞敏	30.00
功能纺织品	商成杰	40.00
印染技术 500 问	薛迪庚　等	32.00
染整生产疑难问题解答	唐育民	30.00
印染废水处理技术	朱　虹　等	30.00
纱线筒子染色工程	邹　衡	35.00
筛网印花	胡平藩　等	36.00
天然彩色棉的基础和应用	张　镁　等	30.00
织物涂层技术	罗瑞林	38.00
织物抗皱整理	陈克宁　等	28.00
染整试化验	林细姣	35.00
染整工业自动化	陈立秋	38.00
数字喷墨印花技术	房宽峻	32.00
【织物染整技术丛书】		
毛织物染整技术	上海毛麻研究所	32.00
针织物染整技术	范雪荣	35.00
含氨纶弹性织物染整	徐谷仓　等	30.00
新型纤维及织物染整	宋心远	36.00
【染整新技术丛书】		
染整新技术问答	周宏湘　等	22.00
新合纤染整	宋心远	18.00
织物的功能整理	薛迪庚	15.00
【化学品实用技术丛书】		
特种表面活性剂	王　军	29.80
纺织助剂化学及应用	董永春	35.00
非织造布用粘合剂	程博闻	30.00

生产技术书

书目：轻化工程类

生产技术书

书名	作者	定价(元)
染整助剂应用测试	刘国良	32.00
经纱上浆材料	朱谱新　等	36.00
【实验室理论与操作实务丛书】		
化学实验员简明手册·实验室基础篇	毛红艳	28.00
化学实验员简明手册·化学分析篇	韩润平	30.00
化学实验员简明手册·仪器分析篇	韩华云	30.00
危险化学品速查手册	王林宏	28.00
轻纺产品化学分析	Qinguo Fan[英]	34.00
【纺织新技术书库】		
竹纤维及其产品加工技术	张世源	36.00
生态家用纺织品	张敏民	28.00
纺织上浆疑难问题解答	周永元　等	32.00
等离子体清洁技术在纺织印染中的应用	陈杰瑢	32.00
涂料印染技术	余一鹗	24.00
双组分纤维纺织品的染色	唐人成　等	42.00
纺织浆料学	周永元	38.00
腈纶生产工艺及应用	[美]JAMES C. MASSON	40.00
染整节能	徐谷仓　等	25.00
纺织品生态加工技术	房宽峻	18.00
Lyocell 纺织品染整加工技术	唐人成　等	28.00
生态纺织品与环保染化料	陈荣圻　等	35.00
酶在纺织中的应用	周文龙	28.00
新型染整工艺设备	陈立秋	42.00
新型染整助剂手册	商成杰	30.00
染整助剂新品种应用及开发	陈胜慧　等	35.00
纺织品印花实用技术	王授伦　等	28.00
特种功能纺织品的开发	王树根　等	26.00
纺织新材料及其识别	邢声远　等	27.00
功能纤维与智能材料	高　洁　等	28.00
【其他】		
创意手工染	凯特.布鲁特	58.00
印染企业管理手册	无锡市明仁纺织印染有限公司	35.00
纺织品质管理手册	张兆麟	36.00
现代印染企业管理	吴卫刚　等	35.00
漂白手册	[比利时]索尔维公司	22.00
新型染整技术	宋心远	38.00
羊毛贸易与检验检疫	周传铭　等	40.00

注　若本书目中的价格与成书价格不同，则以成书价格为准。中国纺织出版社图书营销中心门市函购电话：(010)64168110。或登录我们的网站查询最新书目：

中国纺织出版社网址：www. c－textilep. com